末利光

石炭挽歌

NHK札幌放送局〈炭鉱事故〉担当アナウンサーの記録

寿郎社

雄別炭鉱茂尻鉱の立杭（赤平市）

はじめに

日本のエネルギー源は石炭から石油に、さらに石油から原子力に変わった。いずれの転換期にも大きな「事故」と「犠牲」が伴った。特に大きなエネルギーが得られる原子力は、ひとたび間違えると想像を絶する被害を広範に、しかも長期にわたって及ぼすということを私たちは体験した。

私がＮＨＫ札幌放送局のアナウンサーとして炭鉱事故と石炭産業の終焉《しゅうえん》に立ち会ったのは、石炭から石油に切り替わっていく昭和四二年（一九六七年）から昭和四六年（一九七一年）にかけての四年間だが、その後も石炭産業の行方には関心を持ち続け、昭和五八年（一九八三年）にはその後の夕張《ゆうばり》などを取材している。

人命が失われるということにおいては、炭鉱事故も、交通事故も、あるいは航空事故なども何ら変わるところはない。原子力の時代においても、石炭から石油に変わっていく時代においても、事故が起きれば多くの被害者が出ることになる。石炭産業（炭鉱）における事故は、むしろ大企業と中小零細企業の相違、経営者と労働者とのかかわりなどのありのままを私に教えてくれた。

昭和四六年(一九七一年)、私は、転勤のため北海道を離れることになったのを機に、持っていた資料を整理して、続けざまに起こった閉山を伴う炭鉱事故を冷静に見直し、本にしようとしていた。多くの人々の痛みを伴った石炭をめぐる出来事を、過去のこととしてしまうのは勿体《もったい》ないと思ったのだ。書名は『石炭挽歌《ばんか》』に決めた。中国では野辺《のべ》の送りの際に歌う歌を「挽歌」という。石炭産業に関わった人々や家族の鎮魂《ちんこん》の一助になればと思ったからだが、残念ながらさまざまな理由からこの本が出ることはなかった。

それから十数年を経た昭和五八年(一九八三年)。追加の炭鉱取材をして改めて『石炭挽歌』を出版するつもりであったが、結局それもかなわなかった。原稿は机の奥深くに眠った。

その原稿を四〇年ぶりに〝掘り起こし〟、出版元に見せたところ、炭鉱で働く人々の本音や事故が起こった時の報道する側の思いがリアルに記録されているという点が評価され、このようなかたちで刊行することができた。本書に書かれている内容は、昭和五八年当時にまとめた、主に昭和四二年(一九六七年)~昭和四六年(一九七一年)にかけての炭鉱を取材した私の「取材メモ」が中心になっている。そのため人名や社名、年齢などは当時のままである。

かつてエネルギーの中心だった「石炭」が衰退していく様を当事者の言葉によって出来得る限り正確に記録し後世に伝えることで、今後の日本のエネルギー問題を考えるうえで何らかの参考になれば幸いである。

空知炭砿閉山で2000人転出

人口7500人の北海道・歌志内市

代替企業の誘致難航

火力発電所用の石炭の積み込み作業。この光景は間もなく見られなくなる＝北海道歌志内市東光の空知炭砿で

石炭挽歌

NHK札幌放送局〈炭鉱事故〉担当アナウンサーの記録

目次

「朝日新聞」平成7年（1995年）2月24日

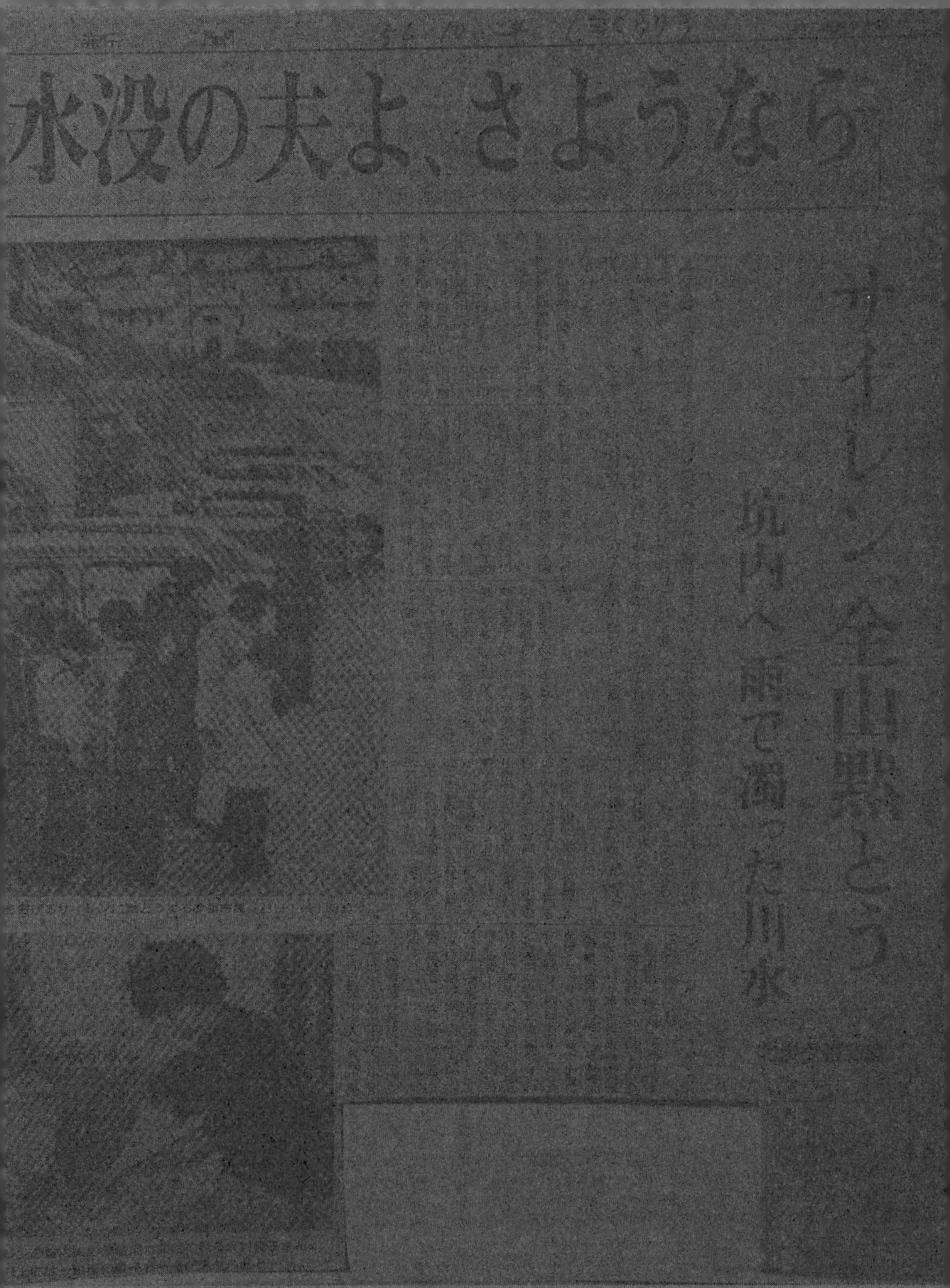

水没の夫よ、さようなら

サイレン 全山黙とう

坑内へ雨で濁った川水

『読売新聞』昭和56年（1981年）10月24日

プロローグ

■注水

　昭和五六年（一九八一年）一〇月二三日午後一時三〇分。炭鉱の町・北海道夕張《ゆうばり》市内全域に重苦しいサイレンが響きわたった。「注水《ちゅうすい》」を知らせる合図である。坑内火災を鎮火させるために五九人の犠牲者を地底深く閉じ込めたまま、運命の「送水《そうすい》バルブ」が開かれたのである。立坑《たてこう》から三・五キロ離れた夕張川の赤茶けた川水が勢いよく送水管に吸い込まれていった。犠牲者の家庭の祭壇の前で、職場で、路上で、魚屋や八百屋の店先で、夕張市民が黙祷《もくとう》をささげる風景を、テレビカメラがとらえて全国に中継された。

　その様子をブラウン管で眺めながら、私はこんな風景をかつて見たことがあるような気がして記憶の糸をたぐっていた。思い至ったのは戦時中のニュース映画であった。敵機の攻撃で火災を起こし交戦不能になった軍艦を、同じ日本の軍艦から発射した魚雷で負傷兵・艦長もろとも海底に送り込むといった壮絶な「戦争映画」の場面である。『海ゆかば』の音楽が流れ、僚艦《りょうかん》から送られる「敬礼」を受けながら徐々に沈んでいくシーンは、少年時代の私の心をとらえて離さなかった。

その戦争から三六年後のこのとき、「魚雷」と「送水管」の違いこそあれ、遺族たちの一縷《いちる》の望みも断ち切られて水没させられていく夕張の炭鉱の光景は、私の目には全く同じように映った。そして、この人たちの犠牲も空しく北炭夕張新鉱《ほくたんゆうばりしんこう》は閉山していく。一〇月一六日の事故発生から二カ月。注水から五三日目のことだった。

■負債総額七二一億円

北炭夕張新鉱の閉山は、九三人という大量の犠牲者を出したこともさることながら、国家の威信と三井グループの面目を賭けた企業の閉山であっただけに、他の炭鉱の閉山とはわけが違う。負債総額七二一億円。うち政府機関からの借入が三五〇億円にも上っていたことからも国の力の入れようがわかろうというものだ。これが最後の答申だと毎回声を大にして叫びながら、七回にも上った第七次答申の柱となる二〇〇〇万トン体制にまたぞろ大きな亀裂が入ってしまった。計画はまた立て直しを迫られるに違いない。そしてこのことは、国内石炭の増産を叫び続けてきた野党議員や炭労《たんろう》(日本炭鉱労働組合)も巻き込んで、炭鉱《やま》は再び昭和三〇年代から四〇年代にかけての総崩れの時代を迎えるのであろうか。全く予断を許さない。

■炭鉱事故担当アナウンサー

昭和三〇年代から四〇年代の一時期を、私はNHK札幌放送局の炭鉱事故担当のアナウンサーとして過ごしてきた。実際あの頃はよく事故が続いた。

「もうそろそろ炭鉱事故がありそうだ。しばらくなかったからな」

と仲間内で話していると本当に事故が起こったりした。一度などは、前の事故のその後の様子を取材しに行ったところ、ちょうど新しい事故にぶつかってしまい、あまりの具合の良さに内心気味悪く思ったほどだった。だから私の勤務していた札幌での生活は、街を歩いていても、家にいても、いつも炭鉱事故の呼び出しを意識していた。まるで誰かが意図的に運命の手綱《たづな》を引いているようで、炭鉱《やま》にはすっかりおびえきっていた。そして事故の後に必ず襲ってくる相次ぐ閉山に、「雪崩閉山《なだれへいざん》」という言葉さえ生まれていた。

■雪崩倒産

それにしても「石炭・鉄鋼・セメント」と言われた基幹産業のひとつであった石炭産業が、エネルギー革命の嵐の前にこんなにも無残に打ちのめされようとは誰が予見しただろうか。時代というものはつくづくと恐ろしいものだと思う。

手厚すぎるほどに保護されてきた組織が一度傾きはじめると、内在する腐敗《ふはい》と矛盾《むじゅん》が一気に吹き出してくる。そして、小回りの利かなくなった巨体は崩れ去るべくして崩れ去っていくだけで、外部からどうテコ入れをしようとしても建て直すことはできなかった。その隙《すき》をまた事故が襲う。

こうした「雪崩閉山」の時代をすり抜けてきた超巨大企業も、内情は全く同じであった。いや、むしろ中小企業以上の腐敗ぶりであったように思われる。国のスクラップ・アンド・ビルド政策で振るい落とされた中小企業の炭鉱員を吸収して人手不足を補いながら、大企業だけがさらに手厚い国の保護政策で目標の計画を達成していく手筈《てはず》であった。

事実、この計画は、その後の数年間は一応成功したかに見えた。そこへ今度の北炭夕張新鉱の事故である。これで国の二〇〇〇万トン体制には完全に亀裂が入った。連合艦隊にたとえるならば、戦艦「大和《やまと》」の沈没が、それまでとは比較にならないくらい大きな衝撃となったのである。しかしこれもその背景を察すれば、内在したさまざまな腐敗をかかえて終わるべくして終わったとしか言いようがないように思われる。

冷静になってもう一度、石炭産業を見直す時、私たちはこれをただ石炭産業だけの問題として終わらせてしまってはならないことに気付くのである。それはとりもなおさず、日本の企業経営に共通した体質を石炭産業にも見るからである。私はその警鐘《けいしょう》としてこの本を書いた。そうでなければ地底で死んでいった幾百、幾千の炭鉱労働者とその家族たちは浮かばれない。

第1章　美唄——一九六八年

■ずり山の蕗

いま、私は山梨県の甲府市《こうふ》に住んでいる。低気圧がしばらく停滞したこともあって、このところ富士の姿を一〇日も見ていなかった。しかし今朝、起きしなにそれとなく外を覗《のぞ》いて、雲の切れ間から藍色《あいいろ》がかった夜明けの富士を見つけて喜んだ。一〇年もこの姿を仰がなかったような気がする。甲府盆地の山々の肩を借りて、自分だけが空にふんばり出たといった格好が面白い。

子どもの頃、誰もが描いたように私も富士の姿を何度か描いた記憶がある。それはなだらかな傾斜と適度なカーブを付けた穏やかな絵であったと思う。だが、この甲府から見る富士はどうだろう。定規で引いたような山の形といい、その角度といい、まるで産炭地の「ずり山」(九州では「ボタ山」)だ。もちろん規模の上では比較にならないが、北海道の空知《そらち》地方の山の中でこうした「ずり山」に出くわすと、甲府から見た富士を思い起こすことがある。ずり山に近づくにつれ、その山頂あたりに動くものを発見する。数台の炭車《たんしゃ》と人影である。石炭と一緒に、石炭を掘るための坑道《こうどう》を作る途中で出る廃棄物の岩石の類をここに捨てているのである。そうしてとてつもない山を築いてしまうのだ。麓《ふもと》のあたりには夏草が生い茂り、みずみずしい蕗《ふき》も生えている。炭鉱住宅に住む人たちの食膳を賑《にぎ》わすには充分な量である。

■美唄炭鉱ガス爆発事故

蕗というと、私はあの時のことを思い出す。

坂口新八郎さんは当時四四歳の働き盛りだった。同僚の逢坂隆男さん（二九歳＝当時、以下すべて同じ）と一緒に四八時間も地底に閉じ込められ、キャップランプを頼りに坑木《こうぼく》に、「モウダメカモ…オ母サンヲ大切ニ仲ヨク」という遺書を書きとめ、奇跡的に助け出された人である。

昭和四三年（一九六八年）一月二〇日の美唄《びばい》炭鉱のガス爆発事故の時のことだ。一六人の犠牲者を出した爆発事故のあと、安全確保等の作業にあたった人々は現場付近の仮密閉《かりみっぺい》の作業に心を奪われ、二人のいた一段上の坑道の捜索を忘れていたのである。

二日後に二人は救出された。その後、若い逢坂さんはどんどん快方に向かったものの坂口さんは重体が続いた。事故から数カ月が経って、ずり山の雪が解け、若々しい蕗が生えても、坂口さんの病状は良くならなかった。しかしある日、坂口さんは突然意識を取り戻したのである。死線を二度もさまよいながら生還した生命力の強い人だった。数分の許可をもらって私はその坂口さんと面会することができた。

■残された苦しみ

病室で会った坂口さんは、すっかりやつれて白髪《しらが》混じりの髭《ひげ》はぼうぼう。目は天井を見詰めていてとてもこの世の人とは思えない雰囲気があった。

坂口さんには二人の子どもがいた。中学生の男の子と小学生の女の子であったが、この二人がなかなか気の利く子どもたちだった。上の男の子が通訳をかって出た。

「事故の記憶はありますか」

「お父さん、事故の時のことを覚えているかとよ」

すると坂口さんのやつれた顔が見る見るゆがんで、私を見据えて大声で泣き出した。答えは何も返ってこない。

「あなたは幾日ぐらい眠っていたと思いますか」

パクパクと坂口さんの口が動く。息子がその口に耳を押し当てるようにして確かめる。それでも聞きとれないと見えて息子は自分の解説を加えた。

「さっき聞いた時は、二日か三日って言っていたよ。何カ月も経ったのに。だけどそうだろう。全然気がつかないで寝っ放しだったんだから」

「同僚の逢坂さん」と言っただけで坂口さんは泣き出す。彼から事故の話はまったく聞き出せなかった。

「沈着冷静《ちんちゃくれいせい》な坂口さんは、同僚の若い鉱員を引きとめ、結局その若い鉱員の命まで救うことができた」と新聞報道に載る反面、「逃げようとする若い鉱員の足に必死でしがみついて、結果的に二人とも助かったのだ」という噂《うわさ》も流れた。事故の後は、決まってこんな噂や中傷《ちゅうしょう》ともつかない話が聞こえるものだが、いずれにしても坑口《こうぐち》から一五〇〇メートルも下った地中で、ヘルメットのキャップランプも消え、食べ物もなく、救出のめどもまったくつかない暗黒の中での四八時間は、人間が耐えられる精神的な限界をはるかに超えていただろう。聞いたところによると、二四時間もつキャップランプが消えると、人間はたちまち精神的に普通の状態ではいられなくなるそうだ。そんな恐怖をいだいた状態のままで数カ月間眠り続け、突如《とつじょ》意識を取り戻した坂口さんは、その時、まさに地底に取り残された状態のままの苦しみを見せていたのだと思う。

もうこれ以上の質問は無駄だと判断して、私は最後にひとつだけ聞いた。

「いま何が一番食べたいですか」

坂口さんの口がまたパクパクと開いた。息子が耳を押しあてる。

「蕗だって。蕗が食べたいんだって」

息子の顔が輝いた。

北海道はタンポポが見事に大きく咲く。坂口さんの病室の窓の下にも、広大な病院の敷地一帯にタンポポの絨毯《じゅうたん》が広がっているのが見えた。その黄色い広がりの向こうに、「炭住《たんじゅう》」と言われる炭鉱住宅や商店の屋根などが見え、さらにその先に「ずり山」がどっかりと座っていた。

後日、このずり山で、自分の境遇を替え歌にしてそれを歌いながら蕗をとる兄妹の姿をテレビカメラがとらえて全国に放送された。そのメロディーといい、歌詞といい、実に心を打つものがあって全国的な反響を呼んだ。「父さんの病気が早くよくなってみんなで一緒に暮らしたい」という意味のものだった。そういえば、私が坂口さんを訪ねた時、この兄妹の母親と思しき人を探したが見つからなかった。事故に遭った父親はどこか離れた地域の病床にあるということだった。

■アガってしまった中継

ＮＨＫのアナウンサーとして一〇度に及ぶ炭鉱事故の取材と中継の中で、私は一度だけベロベロにアガってしまったことがある。美唄炭鉱の二度目の事故の時だった。あんなにアガってしまったことはかつてなかった。

実際、自分が何をどうしゃべっているのかわからなくなっていた。

「妙に憤慨《ふんがい》ばかりしていてみっともなかった。どういうわけだ？」

帰局してから先輩のアナウンサーに問い質《ただ》されても返す言葉がなかったが、私自身には思い当たるひとつの理由があった。テレビカメラを設置した場所が悪かったというのがその理由だった。

炭鉱事故を報道する場合、メインになるカメラはだいたい繰込所《くりこみじょ》や記者席に近い、比較的情報の入りやすい場所に設置される。そのカメラの前にアナウンサーが立って次々に入ってくるニュースをさばきながら、ある時は会社や組合の幹部に、ある時は事故処理の指導・監督にあたる通産省のお役人にぶっつけ本番のインタビューを試みる。時には記者がニュース原稿を持ったまま登場することもあるが、家族が直接見ているところでは誰だって冷静に事実だけをしゃべれるものではない。

この時のメインカメラは、運悪く家族控室の真ん中にどっかりと設置されていた。家族控室となっていた部屋はもともと鉱員が保安教育を受けるための教室で、正面に教壇と黒板があり一般の学校の教室と変わらないつくりとなっていた。その時は生徒の座る机や長椅子が取り払われ、代わりにうすべりを敷いただけの部屋になっていた。そこにたくさんの親族や近所の人たちが前夜から一睡もしないで座っている。部屋全体に沈んだ空気が充満していて、私たちのほんの小さな発言にも、何か新しい手がかりをつかんだのではないかと皆が一斉に反応する。事実、私たちのつかんだ内々の情報では、坑内火災も鎮《しず》まらず全員の安否《あんぴ》は絶望的ということだった。そのことをこの人たちの前でどう表現していいのか、私はとまどっていた。全員絶望的ということがたとえ確実な筋からの情報であっても、それをいつ出すかという判断は非常に難しい。実際に現在進行形の事故現場に行ってきたわけでもないからだ。

しかも、こうした情報は、会社側はすぐには絶対に発表しない。会社側は「救助隊が活躍中であるからもう少し待ってほしい」の繰り返しで時を稼《かせ》ぐ。これはどの炭鉱の災害でも共通している。そして、あらゆる状況から考えてまず生存の可能性はなしと家族たちが自分で判断するようになった頃、ようやく会社側は状況が難しいことを告げるのである。それでも最後まで「絶望」とは絶対に言わない。これが災害時における会社側の発表の仕方の常識なのである。

「さっきから状況はちっとも変わっていやしないじゃないか」

「救助隊の報告はどうなんだ」

「報告を受けているのかいないのか。どうなんだ」

控室の人々から怒号《どごう》が飛ぶ。しかしこうした厳しい質問を投げつけるのは大抵が近親者ではない。近所の人とか仲間の人たちであって、家族は押し黙ってじっとしている。正確な情報を聞き分けようとしているのだ。会社の説明も組合の発表も要領を得ないからだ。組合は、事故は会社側の責任ではないと繰り返すだけだった。

　通産省の監督官の説明も、家族を前にしては語調が弱くなる。そして誰もが、そそくさと退散してしまう。私が舞台裏で彼らに直接取材した時の話とはまるで違うのである。こうなると、彼らの舞台裏での説明で結論付けた私の見解というものは、まるで私一人の推測であって、何ら根拠のないものになってしまうので軽々《かるがる》しく口にすることはできない。それが災害現場を直接見られない〝炭鉱事故の報道〟というものの決定的な難しさだ。

　救助された炭鉱員や救助隊員といった事故の直接の当事者も本当のことを語りたがらない。してみると会社側のやっているように、家族たちが自らあきらめるのを待つやり方の方が、あるいは家族に対しては思いやりのある方法なのかとも思ったりして、私の心はぐらついてくる。

■被害者の家族を前にして

　この時も、カメラの前に立った会社側の責任者や通産省のお役人は、ついに舞台裏の取材で話したことは何ひとつ言わなかった。しかし、

「さっきうかがった話とは違いますね」

とは私の方でも本番では言いかねた。

　私はますます苛立《いらだ》ちと焦《あせ》りを感じながら実況を続けていた。控室全体の目が私の口元に集中するのを感じた。控室の家族たちはいちいちうなずきながら、私の話に耳を傾ける。少しでもなにか新しい情報が出てくるのではないかといった期待を持って。

「前の事故からまだ四カ月も経っていないのに……」

ここまで言って、私にはもう一つの疑問が湧《わ》いた。今度の事故原因は「山はね」という一種の自然現象に近いものであって、前のガス爆発とは違って人為的な要素は薄いということだった。少なくとも四カ月前の事故原因と共通の土台で今回の事故を云々《うんぬん》することはできない。たとえば、いきなり会社側の責任を追及して、もし、「自然現象だ」と切り返された場合、私にどれだけの反論ができるのか。少なくとも今の段階では会社側にどれだけの責任があるのか私には判断がつかない。後日、ある新聞に「それが不測の自然現象であったとしても、不測という前に、そうした自然現象に対する準備がどれだけあったのかが問われる」という意味の解説が載ったが、それも後になって書いたものであって咄嗟《とっさ》に出た言葉ではない。その「咄嗟」の時、私は現場で完全に慌《あわ》ててしまっていた。表面に現れたものだけ追うならばうまい言い方もできただろう。しかし私は、ほんのひとかけらでも真実らしいものを掘り出して深みのある放送をしたいと思い、完全に行き詰まっていたのである。

そんな時、私のすぐ前二、三メートルのところに座っているひと組の家族が目に映った。年老いた小さな女性と、膝《ひざ》の丸々と太った体格の良い若い女性である。若い女性は地底にとり残されている炭鉱員の妻であり、年老いた女性は炭鉱員の母親であることがひと目でわかった。妻はすっかり泣きはらした目をしている。二人とも昨夜からずっとこの一枚のうすべりの上に座り続けて夜を明かしたに違いない。会社から支給された朝食がわりの菓子パンと牛乳びんが手つかずのままその前に置いてある。妻は母親の方に寄りかかったままの姿勢でこちらを見つめている。私の気持ちを強くとらえたのはこの女性ではなくて、寄りかかられた母親の方である。痩《や》せた小さな膝をきちんと折って座っているから小さな体が一層小さく見えた。頭の上に結ばれた白髪の束がこれも小さく載っている。自分の雪下駄《ゆきげた》はきちんと組んで膝の上に置いてある。そして目だけが、たじろぎもせずに私を見据《みす》えている。

この人の息子はきっと親孝行な人だったに違いない。だが、その息子はまず帰ってこない、というかなり確実な情報を私は握っているのだ。私はもう一度母親の膝の上の下駄を見る。薄鼠色《うすねずみいろ》の鼻緒《はなお》が結んである。私の母の下駄とそっくり同じものだ。そう思ったとたん、私は完全にアガってしまったのである。私は、早く中継が終わることばかりを願いながら夢中でしゃべっていた。

その後、火の勢いが一向に衰《おとろ》えなかったことから一三人の救出作業は打ち切られた。その時は私は中継していない。家族の同意を得て地底に一三人を閉じこめたまま坑道は水没させられた。その最後の知らせをあの母親と妻はどう受け止めただろう。

第2章　赤平——一九六九年

■雄別炭鉱茂尻鉱のガス爆発事故

幸いなことに——と言っては犠牲になった方々と遺族の方々に大変申し訳ないことだが、相次ぐ炭鉱事故の取材や中継に立ち会いながら私はそれまで直接犠牲者の姿を見たことはなかった。大抵の場合、アナウンサーが立つメインカメラの位置からは目に入らないからだ。メインカメラを仮にAカメラとすれば、Bカメラが山の全景を撮れる高い位置に置かれ、もう一台のCカメラが坑口《こうぐち》の脇に据えられるのが一般的である。Cカメラがとらえた犠牲者の搬出の状況を、私は前に置かれた小型のモニターで眺めて実況をするという具合であったから、テレビを見ている方にはあたかもアナウンサーが搬出されてくる遺体のすぐ脇で放送しているように見える。しかし実際には遠くから画面を見てしゃべっている場合が多いのだ。

ところが、その日、ついに私は目の前で犠牲者の痛々しい姿を見ることになった。昭和四四年（一九六九年）四月二日、赤平《あかびら》市の雄別《ゆうべつ》炭鉱茂尻《もじり》鉱業所のガス爆発事故で一九人の死者を出した時だった。

この時は、事故発生からわずか八時間で全員の遺体収容作業が終わった。ガス爆発が坑内火災を誘発するといった美唄炭鉱のような最悪の状況を免れた事故だったからだ。もしこれが坑内火災にでもなっていたら、充満する一酸化炭素《いっさんかたんそ》でおそらく一〇〇人近い犠牲者が出ていたであろうという大事故寸前の中規模の事故だった。それでも一九人が亡くなっている。

■立坑のエレベーター

夜一〇時前には最後の遺体が坑外に運び出された。雄別炭鉱茂尻鉱は立坑《たてこう》といって、坑道がちょうど井戸のように垂直に掘られていて、鉱員たちはエレベーターで一挙に地下百数十メートルまで降りていく方式である。エレベーターといっても、デパートなどで見かけるような完全に箱の中に入ってしまうようなものではない。重量と実用性の面からすべての付属品を取りはずした、いわばねずみ捕りを大きくしたようなバスケット型である。上下二段に分かれていて、別々の回廊から合わせて五〇人近くが乗り込む。だから、人の頭の上に人が乗り、時として必要な資材を乗せた炭車《たんしゃ》も同乗する。ガチャンという鉄柵《てっさく》の閉まる音がすると、ほとんど同時に人間を載せたバスケットは直径一二メートルばかりの穴に消えていく。

事故が起きたその日、そのエレベーターに医者が乗り、救助隊が乗り、毛布やポリバケツ（おそらくは味噌汁や水などを入れたものであろう）や牛乳びんを入れた箱が持ち込まれて、炭鉱《やま》の人たちや報道関係者が見守る中を荒々しく下降していった。

■犠牲者を目の当たりにして

事務所で測量係長の説明を聞きながら事故現場の坑内地図を描いていた私は、あたりの慌ただしい雰囲気に遺体搬出を読みとって、他社の記者やカメラマンと一緒に坑口に急行した。あたりの鉱員や事務職員たちも一斉に坑口に通じる回廊を走った。坑口まではわずか一〇〇メートルほどだったが、私が着いた時には坑口のエレベーターの出口には人垣《ひとがき》が作られ、カメラのフラッシュが一斉に強い光を放っていた。

その人垣の中へ、鉄柵のバスケットが地底から勢いよく上がってきた。仲間の鉱員たちのキャップランプがひと塊の光の束となってバスケットの中で慌ただしく動いている。その光の中に犠牲者がいることはまず間違いなかった。

ガチャンと扉の開く冷たい音がした。人垣を割って担架《たんか》を担《かつ》いだ鉱員たちが通り抜けた。鉱員たちは恐ろしく興奮していて、もし担架を担いだ彼らの通行の邪魔をするものがあったとしたら、突き飛ばしかねないほどの勢いであった。

ずっしりと重い犠牲者の担架がきしんでいる。私は一瞬目をつぶった。頭からすっぽりとかぶせられた毛布の下から、きちんと揃った保安靴(作業用の鉄筋を巻いた特殊なブーツ)の足先がのぞいている。あたりの殺気立《さっきだ》った空気とはまるで無関係だと言わんばかりに足元だけが沈黙《ちんもく》している。

犠牲者が地上に現れたこの瞬間に、私は死者が出たことを再確認し、改めて炭鉱災害の悲惨さを実感として受け止めた。坑内での災害は海での遭難と同じように、こうして遺体と対面するまではなかなか実感が湧かないものだ。一六人目、一七人目、一八人目、そして最後の一人が通過すると、人垣は一挙に崩れて我先《われさき》に戸外へ通じる階段を駆け上がった。階段の上の繰込所の窓からは、収容作業がひと目で見られる。それはちょうど二階屋の窓から見下ろすほどの距離であった。

外には子どもの膝小僧《ひざこぞう》ぐらいの深さまで雪が積もっていた。山はすっかり冷えた闇の中に包まれているのだが、遺体を乗せる小型トラックのまわりは昼間のような明るさで、まるで芝居の舞台のようにそこだけが浮き上がって見えた。急拵《きゅうごしら》えのトラックには、荷台の床と左右に畳《たたみ》が立てかけられて、そこに次々と遺体が移されていた。数人が荷台に乗って畳を抑えている。ときどき大声で何かを命令するような声が聞こえるが、その内容は聞きとれない。しかし、遺体がトラックに移し替えられて、空いた担架が建物の脇に立てかけられた時、犠牲者のおびただしい血が、ビニール製の黄色い担架から流れ落ちているのに気づいた。多少の差はあっても、どの担架も血に染まっている。少し注意してみると、血は遺体の搬出作業をしている鉱員たちの手にも、作業服の胸のあたりにも、べったりと付着している。毛布の中の遺体はひどく傷んでいたに違いなかった。

■真夏のような熱さの中で

炭鉱ではよく「鮪《まぐろ》になる」という言葉を使う。それがこの時、リアルな表現であることがわかった。温度の高い地底では、作業員はほとんど半袖シャツ一枚か裸《はだか》に近い状態で石炭を掘る。炭塵《たんじん》と汗でぐしゃぐしゃになりながら、とてつもなく大きな岩盤《がんばん》に向き合い働いているのである。しかも深部《ふけ》になればなるほど地熱《ちねつ》は増して真夏のような熱さになる。

雄別炭鉱の事故はハッパによるガス爆発ということであった。地下三九〇メートルで、しかもエレベーターを降りてから三五〇〇メートルも奥の坑道での事故である。坑道と言っても、メインになる坑道のほかはどの炭鉱の坑道も人の背丈ほどの高さしかなく、幅も人が通るだけでやっとという狭さである。都会の地下鉄が通れるような坑道などはひとつもない。枝葉の坑道を辿《たど》れば、しまいには膝を折って歩かなければならないようなところもある。そんなところを石炭を送り出すゴムのベルトと、入坑《にゅうこう》していく人間が対面交通で行き違う。地圧《ちあつ》で盛り上がった坑道は、底を削って溝《みぞ》を作り、歩きやすいようにしてある。石炭搬出用のベルトと、歩道と、さらに配電線《はいでんせん》と風管《ふうかん》と排水管《はいすいかん》とが、赤や黄色の表皮《ひょうひ》をまいて腸《ちょう》のように走っている。メインの坑道を過ぎれば、狭い坑道を照らす灯りは頭上のキャップランプだけになる。触角《しょっかく》のような光の先端が、水に濡れた炭層《たんそう》の光った肌を黒光《くろびか》りに照らし出す。粉塵《ふんじん》の中でいくつかの光が互いに交錯しながら採炭機《さいたんき》はけたたましい音を立てて石炭を掘り出している。そこに突如として大爆発が起こったとすれば、坑内の一切の機械設備や資材、坑道を支えている鉄のパイプや枠組が、坑木や配電線・送水管もろともちぎれちぎれになって炎とともにすっ飛んでくるのだという。もちろんそこで働く人もである。それはもう想像を絶する世界であるはずだ。

遺体の顔はほとんど判別がつかない。事実、この雄別炭鉱の事故でも氏名の確認に手間取った。名前の記されたヘルメットが飛ばされていたのである。ヘルメットがなければ腰の一酸化炭素マスクのケースの番号でも確認できるはずなのだが、それもわからなかった。ちょうど昼食時で休憩していたからだという説も出たが、キャップランプの付いたヘルメットをはずし、一酸化炭素マスクを着けた腰のバンドまでも外して食事をしていたというのだろうか。いまもって謎である。とにかくその時、私が見たトラックの荷台の上の遺体は、かなり傷んでいたことだけは確かなように思えた。

交通事故や航空事故にしたところで、これと大同小異であろう。事故・災害に残酷《ざんこく》さはつきものだ。だからこそあらゆる事故・災害は憎く、忌まわしいものとなる。炭鉱事故の場合、炭鉱経営者が一番恐れることはそうした残酷な面が明らかにされることだ。炭鉱《やま》は危ない職場だと印象づけられてしまうことを最も嫌がるのである。

昭和四三年(一九六八年)九月の北炭夕張第二鉱の災害の時、当時の所長は、われわれの質問に答えて開口一番次のような弁明をした。

「落盤なんて初歩も初歩。充分防げた事故だ。そこで八人も死んだのは残念だ。できることなら所長であるわたし一人の責任として、ただでも暗いムードの炭鉱に拍車をかけないでもらえないだろうか。そうでないと、ほかの炭鉱にまで迷惑をかけることになる」

苦しい経営の立場を率直に表現したのであろう。しかしこれでは弁明にならない。

「人間の死をどう考えるのか。経営のことを言い出す前に八人も死んだという現実をどう考えるのかを聞きたいのだ」

われわれの質問と所長の話は噛み合わない。そこにサラリーマンとしての所長の姿があった。ひとつの鉱山を預かる所長がこのようでは、事故に遭った犠牲者たちはとても浮かばれない。後の北炭夕張新鉱の閉山時に自殺未遂に追い込まれた林千明社長の置かれた立場と対照的であった。

■アナウンサーの感情

遺体を車に載せ終わって、男たちは荷台の後ろの扉を立てた。遺体は文字どおり裸一貫《はだかいっかん》のまま毛布にくるまって最後の下山をする。タイヤに巻いたチェーンが雪を蹴ってガタガタと動き出す。それまで興奮していたひと塊の救護隊も、ここでようやく一人ひとりの自分に立ち戻って虚脱感《きょだつかん》に襲われる。そんな救護隊の中に一人、二五、六歳の若い鉱員がいた。作業服を着て同じヘルメットを被《かぶ》ると一人ひとりの年齢などはわからなくなってしまうのだが、ヘルメットを取り外《はず》した時に、私は彼が意外に若い青年であることがわかった。彼は仲間たちから一歩二歩離れて、今送り出したばかりの遺体に向かって深々と頭を下げた。頭を下げると同時に慌てて襟首のタオルを取った。首巻をしたままでは不《ふ》謹慎《きんしん》だと気づいたのだろう。そして下げた首をさらに深々と下げた。頭が自分の膝につくほどに。

私はこの時、初めて自分の目の前が曇《くも》るのを知覚した。アナウンサーとは感情がどうにかなってしまった人間なのだろうか。目の前の事象を客観的に伝えることに汲々《きゅうきゅう》として、他人の感情の助けを借りて初めて自分自身に返れるというのはいったいどうしたことなのだ。自暴自棄《じぼうじき》にも似た空虚《くうきょ》な気持ちが体の中をよぎった。

翌朝も現場から全国に向けて中継をしたが、今回はベロベロにアガってしまった前回とは違って冷静に実況できていてよかったという評が伝わってきた。しかし正直なところ、私にはそれを喜んだりくやしがったりする感情すらすでになくなっていたのだった。

第3章　赤平——一九七〇年

■炭鉱事故から一年後の現場へ

昭和四五年（一九七〇年）夏、札幌から北へ車で一時間の岩見沢《いわみざわ》市からさらにバスで赤平《あかびら》市の茂尻《もじり》に向かった。山梨県に転勤することが決まった私は、北海道を離れる前にもう一度、雄別《ゆうべつ》炭鉱茂尻鉱業所の事故の跡を見たいと思ったのだ。

雄別炭鉱はあの事故からわずか半年で閉山となった。兄弟炭鉱《やま》の音別《おんべつ》の鉱業所をまきぞえにして会社ぐるみの閉山という最悪の事態を迎えたのである。一九人の犠牲者を出したあの事故が直接の原因になった。

私がバスで茂尻に向かった時は閉山からちょうど一年、事故から一年と数カ月が経過した頃だった。事故のとりもつ縁というのも妙な話だが、あの折、事故現場の状況を詳細に説明してくれた測量係長のAさんと私は近しい間柄になっていた。そのAさんが東京へ再就職していく前に挨拶にきて、

「人間、墳墓《ふんぼ》の地を去るということは、男どもよりも女房たちの方が寂しいことらしい。来年の盆《ぼん》に果たしてどのくらいの人たちが墓参りにくるかで、炭鉱の人情がはっきりわかるのではないか」

と言った。その盆が過ぎて、もう秋が近い。一九人の犠牲者にとっては新盆《にいぼん》だった。できたら寺の住職にも会いたいものだ。そんな期待もあった。

陽《ひ》はすでに水田地帯の向こうに落ちていた。バスと平行して走っている瀬《せ》を速めて流れていく空知川の川面《かわも》だけが薄暮《はくぼ》の中に見える。道はしばらく直線が続く。平坦な舗装《ほそう》道路だ。バスはスピードを上げている。車内にはほとんど空席がない。炭鉱《やま》から岩見沢や札幌といった都会に出かけて再び炭鉱に戻っていく鉱員とその家族たちが乗客である。デパートの大きな袋を脇にして子どもを連れた女性。ジャンパー姿の鉱員。ときどき後部座席を振り返った人が仲間同士で何かをささやき合っている。バスのガラス窓に映った車内のそうした風景を私は眺めていた。

空知地方は一大水田地帯だから街の灯りというものはほとんど見られない。日はとっぷりと暮れて、街から街へ着く間はトンネルのような深い闇の中を通り抜けるだけだ。時折、対向車のヘッドライトがかすめるほかは、海のような暗い平野の中に浮かんだ一艘《いっそう》の小舟のようにバスはひた走る。

前年の事故の時も、私はちょうどこんな闇の中を、同じ方向に向かってタクシーに乗って走っていた。タクシーのカーラジオから流れる事故関係のニュースに耳を傾け、手持ちの資料に目を通しながら、この道をフルスピードで走っていた。

「一九人と言っていますよ。もう五時間も経っているし、ガス爆発じゃ駄目でしょうね」

運転手がひとりごとのように言った。

「このところしばらくなかったと思っていたが、また始まったのかなあ。必ずやるんだねえ、炭鉱は」

私は運転手の言葉を黙って聞いていた。クラクションを鳴らして数台の車が私の乗ったタクシーを追い越していった。新聞社の社旗がライトの中ではためいていた。札幌から車で二時間余りの距離にある事故現場への先陣争い《せんじんあらそ》である。こんな取材をたかだかこの二年余りの間に六、七回もやっている。直接犠牲者に接したこの時のことが私は忘れられない。

闇がパッと開けて、バスは光の中に飛び込んだ。闇夜に馴《な》れた目には、それほど強くもない街の灯りがとてもまぶしく感じられた。赤平市の中心部で乗客の大部分が降りていった。バスは急にガランとした。そのままガレージに入っても不思議ではないほどの空き具合である。そしてバスは再び闇の中を走った。ほんの数人いた乗客はみな妙に押し黙っている。ガラス窓に響く車の振動だけが、以前よりも激しく伝わってくる。

車窓から見える街はずれの風景に人影がまったくなかった。

「ひどい変わり様だ」

と私は思った。おそらく去年まではこんな感じではなかっただろう。たった今通過した赤平中心部ほどではないにしても、もっと人がいてもよいはずだった。私はやがて着く茂尻の街を想像して早くも寂しさに襲われていた。

■街の様子

翌朝、茂尻の宿で目覚めると陽はすでに高く昇っていた。少々寝過ぎたようだ、とカーテンの隙間《すきま》から漏《も》れてくる光で私はそう判断した。しかし窓の外では物音ひとつしていなかった。階下では鍋《なべ》や釜《かま》がふれる金属性の音や床板《ゆかいた》のきしむ音がする。それらが手に取るように二階の部屋まで聞こえてくる。旅館の家族が台所で朝食の支度《したく》をしているらしい。

私は起き上がってカーテンを開けた。外はもう昼間である。旅館は国道から一〇〇メートル山側に入った商店街にある。きちんと舗装された幅広い道路を挟んで旅館の正面に家具屋がある。その横に美容室、婦人服専門店、菓子屋、八百屋……。立派な構えの店も並んでいる。ところがどうだろう。歩行者の姿がまるで見えない。縦も横も道路はがら空き。駐車している車もほとんど見えない。ひどいものだ。

「戦争に二度負けたようなものですよ。街の人口が半分に減りました。今は商店同士が互いに買い物をしているだけのようなもんです。購買力なんてありゃしませんよ」

昨夜遅く訪ねた茂尻の雑貨屋の主人がそう言った。

「黙って売り上げは半減でしょう。ひどいのは月賦《げっぷ》販売の店ですわ。呉服屋、家具屋、貴金属時計店などは今までの三分の一になったそうです。こうなってみると、むしろ炭鉱《やま》の人は羨《うらや》ましいですよ。退職金は出る、黒手帳《くろてちょう》を支給されて就職先は探してもらえる。会社は会社で事業団が買い上げてくれる。それにひきかえ、わしらは誰が保証してくれますか。売れなくなったこんな店を買ってくれる人などありゃしませんよ。親の代から数えて五〇年もここで商《あきな》いをして、負債《ふさい》を残したからと言って今さらどこへ出ていけますか」

名前をあえて出させてもらおう。赤平市茂尻に住む今井次郎さんだ。がっちりとした体躯《たいく》。五〇がらみの見るからに穏やかな人だが、街の話となると語調が強くなった。今井さんの話を要約するとこういうことだ。

炭鉱経営が思わしくないと気づいた時、会社はまず厚生部門を切り離して独立させた。そして炭鉱に頻繁《ひんぱん》に出入りしていた今井さんに白羽《しらは》の矢を立てた。今井さんは会社から切り離された「消費購買部」の仕事を引き受ける羽目《はめ》になった。あとから考えれば、失敗はここに起因していた。しかし、どう考えてもこの街は炭鉱に頼って生きている街だ。炭鉱なくして自分たちの生活もないわけだから、ここはひとつ全力投球をしようと今井さんは考えた。そして魚を入れる冷凍機を三台、トラックを一台、バイクを三台、そのほかの設備一切を、当時のお金で三〇〇万円で買った。それまでの店の設備では鮮度の良いものを提供する自信がなかったし、炭鉱会社から受け継いだ何人かの従業員のためにも車やバイクが必要であった。資金はすべて銀行からの借金だった。こうしてようやく動き始めた矢先のガス爆発事故。そして閉山である。

「昭和四四年四月二日。一生忘れませんよ。御幣《ごへい》をかつぐわけではありませんが、四四年四月二日を〝獅子《しし》の死《しに》〟と読めませんか」

なるほどと私は思った。炭鉱取材専門のジャーナリストを自称している私でも、こうもすらすらと事故の日付を言えるものではない。それだけ地元の人たちにとって、あの時の事故は生活に密着していたのだった。街ぐるみで頼ってきた「獅子」の「死に」。炭鉱の最期――。

「何とか景気をつけてもらいたいと、斜坑《しゃこう》から立坑《たてこう》になる時には、地元の代表として、私も市長の尻について東京まで陳情《ちんじょう》に行ったもんですよ。何回も。しかし寂しいもんだね。社会党の市長は与党の恩恵《おんけい》に浴《よく》さない。自民党出身の有力代議士のところへ行くと、開口一番《かいこういちばん》、君は来るところが違っているんじゃないかと言われる。そりゃあ、やりにくい陳情でしたよ。それでも待望の立坑ができたんですよ。今になりゃ、それも無駄でした」

ロータリークラブだったかライオンズクラブだったか、とにかく地元の有力者として活躍してきた今井さんだけあって、地元経済に対する視野は広い。だが、その彼にも今日の街の衰退《すいたい》は読み切れなかった。

「一種の天災《てんさい》ですよ。これは。一人の努力じゃ解決できる話ではありません。負債の棚上《たなあ》げとは言わないが、せめてなんらかの緩和措置《かんわそち》をとってもらいたいですね。いよいよ駄目となると銀行は徹頭徹《てっとうてつ》尾《び》回収にかかるんですよ。それは見事なもんだね。市長さんも冷たい。実状の調査もしてくれない、と地元の人たちが言ってますね。自民党の代議士さんの選挙の時には党員としての御墨《おすみ》付きまでもらって一生懸命やったんですがね……」

■人口四〇〇〇人の死守

店先の椅子に腰を下ろし、私はすすめられた西瓜《すいか》をほおばっていた。大きなハエが寄ってくる。今井さんはそれを空中でつかんで地面に力一杯《ちからいっぱい》たたきつけた。

「いくら資本主義の世の中でもね。こんな場合は救ってほしいですよ。銀行から見れば、目先を誤って過剰投資《かじょうとうし》をした放漫《ほうまん》経営者ということになるんでしょうな」

今井さんはその後、すべての従業員に暇《ひま》を出して夫婦だけで店をやることにした。朝は離れた団地を廻って夫妻で御用聞《ごようき》きに歩き、その足で本町のスーパーマーケットへ向かい昼間は従業員として働いた。一日五時間働いて、昭和四五年(一九七〇年)当時の金で月三万円だった。そして夕方からの自分の店はもっぱら奥さんがみた。こうして、一五〇万円の負債だけにしたという。今井さんの言葉を借りれば、「この齢《とし》で出直した」のである。そんな彼の願いはこの街の人口が四〇〇〇人を割らないでほしいということだった。そして街の魚菜《ぎょさい》市場が閉場にならないこと、団地への進出が噂されるスーパーマーケットがやってこないでもらいたいこと。人口が半減しても商店の数はそのままなので、四〇〇〇人を割れば、一軒で四〇〇〇人の消費を賄《まかな》うことができるスーパーの進出によって完全に息《いき》の根《ね》を止められてしまうからだ。また、年間扱《あつか》い高《だか》が一億円を割れば、茂尻地区の魚菜市場も閉場になる。そうなれば赤平中心部まで四キロの道のりを仕入れに行かなければならなくなる。どう考えても街は四〇〇〇人を切ってはならないのだ。しかし、その四〇〇〇人を切るまでにあと五〇〇〇人というところまできているのである。閉山した炭鉱では露天掘《ろてんぼ》りを始めたが、雄別炭鉱のその最後の子会社もあと二、三年の寿命《じゅみょう》だという。それまでに一五〇万円の今井さんの借金が返済できるのかどうか。

「これで交通事故にでも遭《あ》えば、たとえ死ななかったとしても一巻《いっかん》の終わりですね」

と言った彼の言葉が私の腹に響いた。

旅館に戻り、部屋の窓から向かいの家具屋を眺めてみるが、いっこうに人の気配がない。中年の女性が一人、乾いた店先に水を打っている。大きなショーウインドーに飾られた商品の応接セットが天日《てんぴ》にさらされていた。

第4章　廃墟

■元鉱員の子会社役員

北海道を横断する鉄道の大動脈《だいどうみゃく》である根室《ねむろ》本線が、この小さな茂尻《もじり》の街を東西に貫《つらぬ》いている。目の前を石炭を満載した列車が、真っ黒い煙を残して通過した。そしてその後に雄別《ゆうべつ》炭鉱茂尻鉱業所の選炭場《せんたんじょう》とボイラー室が、海底から引き揚《あ》げられた軍艦のように、ボロボロの巨体を夏草《なつくさ》にさらしていた。

その巨体をむしばむ蟻《あり》のように、小さな人影《ひとかげ》と二、三台のトラックがわずかに動いている。人影はスクラップ業者である。小高い丘の影には、炭鉱の閉山後にできた整理会社兼露天掘《ろてんぼ》りの会社の事務所があった。事務員を入れてもやっと二〇人ばかりの現場事務所といった感じである。

「ガス爆発なんか幼稚な事故ですよ。それを犯《おか》して閉山になったんだから……」

何とも悔《くや》しいと言わんばかりの子会社の役員A氏の話だった。もっとも役員と言っても、彼自身が言うように事故当時は技術担当の現場の一課長であったという。事故現場には一番先に乗り込んで救助作業や現場の状況調査を行なったのだそうだ。

「むかしは炭鉱と言えば、都会の会社の倍も給与を出したものだ。したがってずいぶん有能な人間が集まってきたが、今じゃ高校の成績で中以上の者は一人もこない。会社の係員より古手の鉱員の方がずっと人間が上だと言うんだから……」

だから幼稚な事故が起こってしまったという理屈になるらしい。今となっては愚痴《ぐち》になってしまうがつい言いたくもなる、といった口ぶりだった。しょせん魅力のなくなった産業は支えきれるものではないとも言いたいようだった。

事故の責任と原因究明のために一カ月間の出炭停止《しゅったんていし》と、犠牲者に支払われた補償《ほしょう》で三億円から四億円の穴をあけたことが炭鉱会社にとっては決定的な打撃となった。雄別炭鉱の場合は、この茂尻鉱が会社全体の赤字の約半分を占めていたので、かねてから会社はこの鉱業所を切り離して縮小させ、子会社として独立させる計画でいた。つまり、一度従業員全員を解雇《かいこ》して、残ったもので細々とやろうではないかということであった。その提案を六日後に従業員に示す予定のところへ事故が発生した。会社側の縮小提案の噂が働く者に心理的な影響を与えたのだと組合側は会社側に迫った。しかし結果的にこの提案が事故によって予定より一層早く実現することになってしまったのである。事故の翌月の五月三一日付けで実施されることになった縮小の骨子は、
(1)一四二一人の従業員を全員解雇し、子会社茂尻炭鉱として親会社の雄別炭鉱から切り離す。
(2)子会社茂尻炭鉱は従業員三七五人として、資本金一〇〇〇万円は親会社が出資する。

（3）「鴨《かも》の沢《さわ》」「柏《かしわ》」「一《いち》の沢《さわ》」の三つの採炭《さいたん》区域のうち、「一の沢」の立坑と付近の露天掘りだけを残して、生産規模を今の五〇万トンから半分以下の二〇万トンに落とす。
（4）能率の悪い「鴨の沢」と「柏」の鉱区は「石炭鉱業合理化事業団」に買い上げてもらい、その金を退職者の退職金に当てたい。
　というものであった。

　言ってみるならば能率の悪いところは政府に買い上げてもらって整理し、その金を従業員の退職金にし、能率の良いところを少人数で上手に操《あやつ》ろうというのだから、こんなに虫のいい話もない。

「経営者も従業員も怪我《けが》がない。たまらないのは地元の商人だけ」

　という昨日の今井さんの話を思い出す。そして事実そのとおりになった。

　ところが、ここにひとつだけ予想外のことが持ち上がった。第二会社を維持していくための最低人員は三七五人であったが、その最低人員すら会社に残らなかったことである。残ったのは二〇〇人足らず。これでは炭鉱《やま》が維持できない。炭鉱はよくよく嫌われたものである。当時、特に中小規模の炭鉱への風当たりは強かった。やむなく会社は、露天掘りをやる五〇人ばかりの従業員を残して親会社もろとも倒産した。

「露天掘りなぞ、せいぜい四年も続けばおしまいでしょうな。その間に残った人たちの就職先の面倒を見てやらねばならんのです」

「つまり残務整理会社ということですか」

「それ以外に何ができますか」

A氏は冷たく笑って見せた。

■消えた二八億円の立坑

私はA氏の許可を得て、赤錆《あかさ》びた選炭場《せんたんじょう》の後側の丘に登ってみた。思えば、残雪の四月二日――つまり事故当日、私たちの取材陣は中継車三台を連ねてこの坂を登ったのだった。救急車の赤い点滅灯《てんめつとう》、パトカーのサイレン――。その中を駆け登る人々の異様な空気――。それらが思い出された。それから一年余り。今、季節は夏である。赤土のほこりを舞い上げてダンプがこの坂を上り下りするだけである。ダンプは露天掘りの石炭を運んでいた。

登りつめると、そこに見覚えのある繰込所《くりこみじょ》の建物があった。クリーム色のまだ新しさを感じる建物である。しかし私はすぐに、この建物の屋根を打ち抜いて鉄骨の威容《いよう》を誇っていたあの立坑《たてこう》の櫓《やぐら》がなくなっているのに気がついた。エレベーターの滑車《かっしゃ》を支える鉄塔《てっとう》の櫓がないのである。今井さんたち地元民までが駆り出され、わざわざ東京まで出向いて陳情してできた期待の立坑の鉄塔がなかった。

「二八億円がわずか二年でスクラップになったんだ。国の金だからこんなすごい無駄ができたんでしょうな」

「二八億と言ったら、働かないでいったい何人が金利で食えたもんだかしれないですわい」

元鉱員だったという四、五人の解体作業員が近寄ってきて話してくれた。

「普通の企業だったら、こんな目先《めさき》の利《き》かない投資をしたら、気狂《きぐる》い経営者と言われるだろう」

「しかし、不測の事故によって閉山したんでしょう?」

そんな私の問いかけに一人の元鉱員が言下《げんか》に答えた。

「冗談じゃない。炭鉱に事故はつきものだ。一九人の犠牲者はなんぼか大きかったかもしれないが、昭和三〇年の六〇人の死者を出した時だってつぶれなかったんだ」

「それは時代が違うからでしょう」

「確かにそうだ。その頃は掘れば掘るだけ儲《もう》かった。しかし、だからだよ。今のように石炭のいらない時にだよ。逆に二八億も三〇億も見通しもなく金をつぎ込んで、ちょっとした事故でひっくり返るようなまねなんぞ自分の金だったらとてもできめえ」

これは立派な理屈である。実はそこに一つの秘密があると識者《しきしゃ》や関係者の間で噂されていた。

■経営のプロ

政府がエネルギー革命によって石炭産業の転換を図った時に、スクラップ・アンド・ビルド方式を打ち出して整理したことはご存知のとおりである。しかし、いったいどこで再建《さいけん》する炭鉱と廃鉱《はいこう》にする炭鉱とに分けるのかが問題にされていた。誰が見てもスクラップにした方がいいと思う赤字の炭鉱であればまだしも、問題はギリギリの採算ラインにある炭鉱であった。

そこの線引きが難しいと言われていた時に、ある〝経営のプロ〟――コンサルタントが登場する。やりようによってはこれからも掘れるかもしれない炭鉱に、エネルギー革命の嵐の前にいたずらに翻弄《ほんろう》されるよりは、いっそ国の減炭《げんたん》方針にしたがって政府により高く炭鉱会社を買ってもらった方が良いというアドバイスを行なう〝経営のプロ〟が出てくるのである。この〝経営のプロ〟＝〝閉山屋《へいざんや》〟の言う通りにすれば、スクラップ同然の炭鉱であっても、はした金で閉山しないですむばかりか、大変な高値で政府に買い上げてもらえると言うのである。政府の買い上げ条件のランク付けを少しでも上げてから、閉山へ持っていく――そのための高等技術があるのだと言うのである。

具体的には、政府関係資金をはじめ、いろいろな形で集めた大金をまず施設設備に投下し、さあやるぞという気構《きがま》えを見せておいて、それから一、二年で結局駄目になったという状況を人為的《じんいてき》に作るのだそうだ。実際、これをどこの炭鉱がやったという確証はない。どの炭鉱も、誰もが、断腸《だんちょう》の思いで閉山を迎えたということになっている。そうすることが会社にとっても、債権を持つ銀行にとっても、またそこで働く労働者にとってもよいからである。

雄別炭鉱の場合がそうだということではないが、見方によってはそう考えられないこともない。二八億円の投資のあと、わずか二年ばかりの操業で倒産。しかも事故当時、すでに第二会社としての再建案が提示されていたことから考えても、〝経営のプロ〟による〝計画倒産〟はまったく想像できないことではなかった。一九人の犠牲を出した炭鉱事故は、そのテンポを一層早めたし、事故当時、組合側が主張したように、そうした撤退《てったい》ムードが鉱員の注意力を散漫にしたという心理的な事故原因もあったかもしれない。しかし、今となっては真相を知る術《すべ》はない。

■密閉された坑口

私は元鉱員たちの案内を受けて坑口《こうぐち》を覆《おお》っている建物に入った。何かの格納庫のようなガランとした内部は、機械という機械はすべて取り払われていて、ところどころに機械器具の土台になったコンクリートの基礎が剥《む》き出しになっていた。建物の中央部分には赤土を盛った相撲の土俵ほどの円形の跡があり、その真上の屋根がなく夏の空がのぞいていたから、ここが立坑の入口だったことがすぐにわかった。鉄骨を穴に渡し、その上から五メートル近いコンクリートを打って完全に密閉し、さらに土を盛ったのだという。

一年前の事故当時、この坑口のまわりには大勢の人が集まっていた。その中をエレベーターが慌ただしく上下して救護隊を、医者を、そして遺体を引き揚げていた。その光景を思い出す。犠牲者の遺族にとって決して忘れることのできないこの坑口が、こうして厚いコンクリートと赤土で盛られ、地表からも、そして時の経過からも遮断《しゃだん》されている。犠牲者の遺体はこの辺りを通って、あの階段の左側の小さな入口から外へ出て行った。私はあの時の遺体の搬出ルートを目で追っていた。

その時、私は見覚えのある担架が一つ繰込所へ通ずる階段の脇に立てかけられているのを見て息をのんだ。黄色い安全色のビニール担架である。間違いなくこの担架に乗せられた遺体が頭からすっぽりと毛布をかぶらされて保安靴をのぞかせながら私の目の前を通って行ったのだ。担架の前と後からどす黒い血をいっぱいに流しながら同僚に担がれていったあの時の強烈な印象を、私は決して忘れはしない。

「血の付いた担架もありました。汚いからあれだけ残して焼いたんです」

立てかけられていた担架について訪ねた私に、年配の解体作業員の一人が担架について説明し、こう続けた。

「夏草《なつくさ》や兵《つわもの》どもが夢の跡――。少々きざっぽく聞こえるでしょうが、私はそれがこの閉山の光景を一番よく語っていると思うんですよ。戦争中は〝黒い弾丸〟と言われ、戦後は〝黒い食糧〟ともてはやされた唯一の経済復興の国内資源だったのが石炭です。増産増産と呼びかけられ、そのつもりで必死に働いてきたものです。それがどうですか、この姿は。エネルギー革命と言ったって、私たち炭鉱で働く労働者にとっては責任がないんですよ。石炭が石油に取って代わられると、もう私たちは見向きもされなくなった。いい時だけ利用されて棄《す》てられていくんだ」

私は密閉され土が盛られた坑口にしばし祈りを奉《ささ》げたあと、解体作業員たちと一緒に建物の外に出た。赤錆びたトロッコの転がっている地面から丈《たけ》の長い夏草が真っ青な北海道の空に伸びていた。近いうちにこの草が解体のすんだ茂尻鉱の山を覆い、坑口はおろか、鉱業所の跡さえどこだったのかわからなくしてしまうのだろう。

■夏草や兵どもが夢の跡

雨竜《うりゅう》炭鉱の閉山の時に、取材に訪れた私に、最後に残った組合のF委員長もこの年配の解体作業員と同じことを言った。

「夏草や兵どもが夢の跡。三年も経てばすっかり元の自然に還《かえ》るんだそうですよ。そうすりゃ、こんな辺鄙《へんぴ》な山奥なんぞ、時たま猟師がくるくらいのもんでしょう」

その「沼田三山《ぬまたさんざん》」の場合とは違って、根室本線を眼下に見下ろすこの雄別炭鉱の場合は、そこまで荒れてしまうこともないだろう。しかし、それでもその荒廃ぶりが目に見えるような気がしてならなかった。繰込所の窓からキャップランプを着けたたくさんの顔が、坑口のエレベーターの順番を待つ間に、緑の空気をひと呼吸でも多く吸っておこうと鈴なりになってのぞいていた光景を、草生《くさむ》した山からどうして想像することができようか。何事によらず消え去るということは寂しいものである。

ところで、こうした坑口の密閉によって思いもよらない事故も起こっている。昭和四六年（一九七一年）一〇月二九日、北海道三笠《みかさ》市の奔別《ぽんべつ》炭鉱で、閉山のため密封した立坑の坑口を塞《ふさ》いでいた厚さ約六〇センチのコンクリートの蓋《ふた》がガス爆発で吹っ飛び、解体作業員五人が死亡、三人が負傷した。閉山後、五年間は会社に保安責任があるという。この事故が起きた時、まだ閉山から五年は経っていなかったが、実体のなくなった企業を相手に遺族たちが保証を折衝《せっしょう》していけるのか、私は危惧した。

第5章　事故の科学

■取材ノートから炭鉱事故を省みる

私がNHK札幌放送局に在籍していた四年間に取材したり中継したりした炭鉱事故の数は一〇件である（第1表）。

戦後北海道で起きた多数の死者を出した大きな炭鉱事故と言えば、昭和五六年（一九八一年）年一〇月の北炭夕張新鉱の九三人を筆頭に、昭和四〇年（一九六五年）二月の北炭夕張炭鉱の六二人、昭和三〇年（一九五五年）一一月の雄別茂尻鉱の六〇人、昭和三五年（一九六〇年）二月のやはり北炭夕張炭鉱の四二人が挙げられる。

これらの事故に比べればその規模はずっと小さかったが、それでも私の取材した四年間でニュースになった中小の事故だけでも一〇〇人余りが死亡している。放送されなかった事故死を加えれば、こ

第１表　昭和42－46年の4年間に筆者が取材・中継した炭鉱事故

炭鉱	日付	原因	死者数（人）
①　美唄炭鉱（定盤坑、１回目）	昭和 43. 1 .20	ガス爆発	16
②　美唄炭鉱（定盤坑、２回目）	昭和 43. 5 .12	山はね	13
③　北炭夕張平和鉱	昭和 43. 7 .30	ベルト加熱	31
④　北炭夕張第２鉱	昭和 43. 9 . 3	落盤	8
⑤　雄別炭鉱茂尻鉱	昭和 44. 4 . 2	ガス爆発	19
⑥　住友歌志内炭鉱	昭和 44. 5 .16	ガス突出	17
⑦　北炭夕張第２鉱	昭和 44. 5 .28	落盤	4
⑧　三菱大夕張炭鉱	昭和 44. 9 .18	落盤	2
⑨　三井芦別炭鉱（１坑）	昭和 45. 6 .11	ガス爆発	4
⑩　大日本興産奈井江鉱	昭和 45. 7 .24	ガス突出	0（重軽傷16）

れに倍する鉱員たちが命を落としているはずである。その後、私が北海道を離れてから起きた大きな炭鉱事故としては、昭和四五年（一九七〇年）年一二月の三井砂川《すながわ》炭鉱のガス爆発事故で一九人、昭和四六年（一九七一年）七月の住友歌志内《うたしない》炭鉱のガス突出事故で三〇人という事故が挙げられる。

特に住友歌志内炭鉱の場合は、賃上げなどの要求をある限度内に押さえることによって閉山を食い止めるという労働者側からの案を、炭鉱《やま》ぐるみの投票で決めた直後に起きた事故だっただけに、労働者一人ひとりの心痛は大きかった。

「鉱山保安規則」によると、「死亡三人、または軽傷以上五人以上の災害を重大災害」と呼んで、ほかの事故と区別している。それでは「鉱山保安規則」で決められた重大災害以外の、言ってみるならば小規模事故で死亡した人は、炭鉱事故で死亡した人の何パーセントになるかを示してみる（第２表）。これでわかるように、七〇～八〇パーセ

第2表　北海道における炭鉱労働者の重大災害以外の死亡割合

〈昭和38～52年までの15年間〉

年度（昭和）	延人員（人）	全死亡者（人）	重大災害死（人）	その他の死（人）	割合（%）	備　考
38	18,674,144	121	7	114	94	
39	17,627,095	154	20	134	87	
40	17,560,474	201	67	134	65	夕張 62（ガス爆発）
41	17,506,761	172	30	142	82	空地 12（ガス爆発）　奔別 16（ガス爆発）
42	16,230,574	116	20	96	82	
43	15,180,786	173	83	90	52	美唄 1回目 16（ガス爆発）　2回目 13（坑内火災）　平和 31（坑内火災）
44	13,806,118	119	46	73	61	茂尻 19（ガス爆発）　歌志内 17（ガス突出）
45	11,801,839	105	37	68	65	三井砂川 19（ガス爆発）
46	10,588,934	71	33	38	54	歌志内 30（ガス突出）
47	9,079,043	92	41	51	55	石狩 31（ガス爆発）
48	7,465,491	39	8	31	79	
49	6,676,207	49	17	32	65	三井砂川 15（ガス爆発）
50	6,608,170	55	36	19	35	幌内 24（ガス爆発）
51	6,453,423	20	0	20	100	
52	6,378,070	46	25	21	46	三井芦別 25（ガス爆発）
計		1,533	470	1,063	65	

＊昭和50年、52年を除く他の年度は、50%以上が重大災害以外の事故で死亡している。

ントの炭鉱労働者が、あまりニュースにもならなかったような事故によって亡くなっていたということになる。それほど炭鉱事故は頻発していたのだ。それでも以前と比べれば、死亡者の絶対数は減少してきている。

「炭鉱《やま》がなくなってきたから、死ぬ人も減ったんだろう」

と単純に割り切る意見もあるようだが。

一方、鉱員一人当たりの生産量（月）は、この二〇年間にざっと四倍にも増加した（**第3表**）。昭和二五年（一九五〇年）の一人当たりの生産量（月）七万六〇〇〇トンに比べれば、実に一〇倍以上の増加である。炭鉱における若い労働者が減り、その平均年齢は上昇するばかりであるのに、である。

ここでひとつの疑問が生まれる。労働

者が激減しているのに石炭の生産性が急上昇したのはなぜかという疑問である。答えは簡単である。機械の大量導入と合理化政策がそれを可能にしたのである。

■炭鉱の機械化

早い話、昔はカンテラ一つを下げて、ツルハシで石炭を掘った。今ではどんな条件の悪い場所でもそんな掘り方はしない。エアコンプレッサーや水圧を利用したドリルで炭壁《たんぺき》を削る。自然条件の良いところならば、「ドラムカッター」といって大馬力のモーターを取り付けた、ちょうどオルゴールを超大型にしたようなものを炭壁に当てて、爪の部分でバリバリと引っかいて落とす。また、「ホーベル」といって、爪のついたものを炭壁に当てて、カンナで削るようにして採炭《さいたん》をする大仕掛《おおじか》けなものも登場した。「カッター」というチェーンソー(自動の鋸《のこ》)のようなものもある。そして、採掘《さいくつ》された石炭を運び出すのも昔のようにモッコを担《かつ》いだりするのではない。人の頭や庭石ほどの大きさもある石炭が炭壁からガラガラと黒煙《こくえん》を立てて落ちると、その下には鉄のチェーンで作ったベルトがあって、切羽《きりは》(採炭作業に取りかかっている炭壁)の一方の隅《すみ》まで運び出す。するとそこには大型の石炭を噛《か》み砕《くだ》く機械があって、われわれが地上で見るような一定の大きさに割っていく。小さく割られた石炭が、今度はベルトコンベアに乗って長い坑道《こうどう》を辿《たど》って出ていくのである。つまり、機械設備を使って巨大になった人間の力で自然をねじ伏《ふ》せてしまうということであった。こうした機械化によって生産量が飛躍的に増加していったのである。

また、長いベルトコンベアを管理するのはごく少人数ですんだため、機械化によって当初は大いに

第3表　国内における石炭鉱業の操業状態

事項 / 年度（昭和）	年度末稼働炭鉱数	生産数（トン）	常用実働労働者数（人）（　）内は平均年齢	能率 トン/人/月
35	622	52,607	231,294（36.1歳）	18.0
36	574	55,413	198,164（36.6歳）	21.7
37	418	53,587	159,485（37.6歳）	24.9
38	306	51,099	122,827（37.9歳）	31.3
39	263	50,774	112,779（38.2歳）	36.4
40	222	50,113	107,096（38.5歳）	38.1
41	198	50,554	100,251（39.0歳）	40.3
42	158	47,057	86,238（39.4歳）	42.7
43	142	46,282	76,558（40.0歳）	47.9
44	96	43,580	57,332（40.6歳）	55.8
45	74	38,329	47,929（41.2歳）	61.0
46	70	31,728	37,585（41.7歳）	63.4
47	55	26,979	29,323（42.0歳）	66.0
48	37	20,933	23,515（42.7歳）	68.2
49	36	20,292	23,313（42.9歳）	71.8
50	35	18,597	22,493（42.6歳）	67.8
51	30	18,325	21,366（42.5歳）	69.5
52	29	18,571	20.995（42.3歳）	73.3
53	26	18,550	20,117（42.4歳）	74.6
54	26	17,760	18,816（42.7歳）	76.8
55	25	18,095	18,285（42.4歳）	81.8
56	30	17,472	17,781（42.0歳）	80.3

（通産省調べ）

第４表　北海道の炭鉱における主要事由別災害死亡者数

主要事由＼年度(昭和)	昭和41年	42年	43年	44年	45年 3/21
落盤	72	53	56	35	12
運搬	42	33	31	28	6
ガス爆発	28	3	23	20	−
ガス突出	−	7	−	21	5
火災	−	−	44	−	−
出水	−	2	−	−	−
その他	30	18	19	15	3
計	172	116	173	119	26

＊昭和45年は3月21日までの集計　（札幌通産局調べ）

生産性を上げ、人間の力の勝利のように見えた。しかしそれも束《つか》の間《ま》、昭和四三年（一九六八年）七月に三一人の犠牲者を出した北炭夕張平和鉱の事故の原因は、ベルトの過熱《かねつ》による坑内《こうない》火災《かさい》であることがわかった。ベルトが過熱した段階で、人手があれば早目に対処できたはずの事故であった。これこそ無理な合理化の典型的なものだと組合側が主張して譲らなかった。

■機械化で起こる新たな事故

石油に圧迫されて需要の落ちた石炭を、徹底した機械化と合理化によって量産し、コストダウンで対抗することに石炭産業は総力を挙げてきた。戦後の進歩した機械設備がどんどん投入されて、石炭の層を掘り進む速度は、カンテラとツルハシで掘り進んだ時代を馬や籠《かご》で旅した時代とするならば、まさにハイウェイをスポーツカーで突っ走るようなものであった。そこには当然、機械と自然との接点において、また、それを取り扱う人間の技能や扱い方の問題によって、これまでには想像もつかない大きな事故に結びつく可能性が生まれたのである。しかも自動車と違うところは、炭鉱は一つの工場が地底にできたようなものだから、地底の労働者全員が組織として一台の自動車を走らせているようなものである。互いの連絡が悪かったり、あるいは過度の労働を強《し》いるような条件があったり、一人の鉱員の精神的な悩みやふとした気の緩《ゆる》みから、坑内で働く者すべてが吹っ飛んでしまう事故にもなりかねない。災害を起こした後で責任者を取材すると彼らは決まってこう答える。

「充分に注意はしていた。どう考えても不可抗力《ふかこうりょく》の災害としか思えない」

そして記者からさらに厳しい質問をされると少しふてくされた様子でこう言う。

「穴に人間が入って働いている以上、地上とは違う。一〇〇パーセント安全なことなど、地上に生活していたってあるわけがないだろう」

しかし、こうした言葉の端々《はしばし》にみられるような人間の甘えを、冷徹な自然は見逃さない。それが機械の問題であろうと、一人の鉱員の不注意であろうと、組織のまずさであろうと関係なく、問題あるところを自然はついてくるのである。

第6章　落盤と山はね

■炭鉱事故の原因

炭鉱事故を報道する中で、私たちがその原因として数多く聞いたのは「落盤《らくばん》」（崩落《ほうらく》）と「ガス爆発」だと思う。事実、「落盤」による事故は炭鉱事故の中で最も多い。しかし、同じように多いのは意外と「運搬作業」による事故である。炭車《たんしゃ》に轢《ひ》かれたり、ベルトコンベアに巻き込まれたり、炭車と坑道《こうどう》の壁の隙間《すきま》にはさまったりして死亡するケースである。しかし、これらのケースは比較的少人数の犠牲者にとどまっているからニュースになることが少ないのである。ニュースを賑《にぎ》わすのは「ガス爆発」であり、「坑内《こうない》火災《かさい》」であることが多い。圧倒的に犠牲者を多く出すからである。かつて坑口《こうぐち》まで炎が飛び出したという九州の三井三池《みいけ》炭鉱の「炭塵《たんじん》爆発」のように、坑道に入っているものが全員死傷してしまうような大災害もある。昭和三八年（一九六三年）一一月九日に起こったこの事故は、戦後最大の四五八人という犠牲者を出した（第5表）。

第５表　明治32年～昭和56年の死亡者50名以上が生じた重大災害

地方別	炭鉱名	災害発生年月日			災害種類	死亡者数（人）	備考
		年	月	日			
九州	豊国	明治 32	6	15	ガス炭じん爆発	210	
九州	二瀬	36	1	17	坑内火災	64	
九州	大峰	36	4	2	坑内火災	65	
九州	高島	39	3	28	ガス炭じん爆発	307	
九州	豊国	40	7	12	ガス炭じん爆発	365	
北海道	新夕張	41	1	17	ガス爆発	91	
九州	大之浦・桐野	42	11	24	ガス炭じん爆発	256	
本州	潟	44	3	3	海底陥没	75	
九州	忠隈	44	6	1	ガス炭じん爆発	73	
北海道	夕張一坑	45	4	29	ガス炭じん爆発	267	
北海道	夕張二坑	45	12	23	ガス炭じん爆発	216	
九州	二瀬	大正 2	2	6	ガス炭じん爆発	103	
九州	金田	3	6	2	ガス爆発	63	
北海道	臼威	3	12	1	ガス爆発	422	北海道の炭鉱史上最大記録
九州	方城	3	12	15	ガス爆発	687	日本の炭鉱史上最大記録（ただし、戦前の大陸関係事故を除く）
本州	東見初	4	4	12	海底陥没	235	
九州	大之浦	6	12	21	ガス爆発	369	
北海道	夕張	9	6	14	ガス炭じん爆発	209	
北海道	上歌志内	13	1	5	ガス炭じん爆発	77	
本州	入山	13	8	9	ガス炭じん爆発	75	
本州	内郷	昭和 2	3	27	坑内火災	134	
北海道	上歌志内	4	8	5	ガス炭じん爆発	70	
北海道	空知	7	8	15	ガス炭じん爆発	57	
九州	松島	9	11	25	坑内出水	54	
北海道	茂尻	10	5	6	ガス炭じん爆発	95	
九州	三井田川	10	7	13	ガス爆発	67	
九州	赤池	10	10	26	ガス爆発	83	
九州	忠隈	11	4	15	人車の逸走	57	
九州	海軍新原	13	6	8	ガス炭じん爆発	50	
北海道	夕張	13	10	6	ガス爆発	161	
九州	大之浦	14	1	21	ガス爆発	92	
北海道	真谷地	15	1	8	ガス炭じん爆発	51	
北海道	三菱美唄	16	3	18	ガス炭じん爆発	177	
本州	長生	17	2	6	海水侵入	183	
樺太	白鳥沢	18	11	29	ガス爆発	60	
北海道	三菱美唄	19	5	16	ガス爆発	109	
九州	三池	19	9	16	坑内火災	57	
本州	小田	20	4	22	坑内火災	65	
九州	勝田	23	6	18	ガス爆発	62	
北海道	茂尻	30	11	1	ガス爆発	60	
九州	豊州	35	9	20	坑内出水	67	
九州	上清	36	3	9	坑内火災	71	
九州	三池	38	11	9	炭じん爆発	458	戦後の最大記録
北海道	夕張	40	2	22	ガス爆発	62	
九州	山野	40	6	1	ガス爆発	237	
北海道	夕張新鉱	56	10	16	ガス突出	93	

（保安年報による）

災害を原因別にもう少し説明しよう。

まず、「落盤」というのは、働いている坑道の天井の部分が落ちてくることである。その下敷きになったり、岩石や石炭で打ちつけられたりして死傷者が出る。よく「崩落」という言い方もされるが、落盤と崩落をはっきり区別する線はない。規模が小さければ「崩落」、大きければ「落盤」という感じだろうか。いずれも天井から岩石や石炭が落ちてくることに変わりはない。厳密に言えば、人間の握りこぶしぐらいの大きさの岩石が天井から落ちてきても「崩落」に違いない。そういうものまでを一回と数えるならば、「崩落」は日に何千回、何万回もあるということになる。そのような環境で鉱員たちは働いている。運が悪ければ、作業に夢中になっているうちに、落ちてきた岩に打たれて死んでしまう。運が良ければ、小さな崩落からその予兆を察知して大きな崩落の前に逃げられる。だれかが危ないと感じた時、作業現場を一時放棄して全員で逃げ出すこともある。

そして「落盤」の次に多い「ガス爆発」による事故。ガス爆発の原因はいろいろと考えられるが、基本的には炭層《たんそう》の中に含まれていたメタンガスに、何らかの原因で火がついて爆発することである。その火の元を「火源《かげん》」と呼ぶ。

火源となりやすいメタンガスは、採炭時《さいたん》、常に坑内に発生している。太古の樹木が何千万年、何億年も地中に押し込められて石炭という形に変化したように、ガス化したメタンもまた地下何千メートル、何百メートルの地圧《ちあつ》に耐えて眠っているのである。それが石炭の採取とともに長い眠りから起こされる。メタンガスが穏《おだ》やかに出ていることを「泄出《せっしゅつ》」と呼ぶ。メタンガスが泄出状態の場合は問題がない。採炭現場である切羽《きりは》は常にこのメタンガスの泄出状態にある。

メタンガスがある程度の圧力を持って出てくる場合を「噴出《ふんしゅつ》」と言う。断層《だんそう》や炭壁《たんぺき》の亀裂《きれつ》やボーリングの穴からメタンガスが噴き出すような場合である。その場合はガス抜き作業をしなければならない。噴出したメタンをガス抜き作業で集めて地上に送り出し、風呂を沸かしたり、発電所に送って炭車を動かしたり、炭住街の電灯に変えたりもする。

泄出したり噴出したりしたメタンガスの量が坑内に予想以上に溜まってしまっていることがある。それに気づかないまま作業をしていたり、この程度なら大丈夫と作業を続けていたりしているうちに、メタンガスは坑外から送られてきた空気と程《ほど》よく混ざり合う。それに何らかの火源によって着火すると爆発する。これが「ガス爆発」である。

「泄出」や「噴出」よりももっと恐ろしいのは、「突出《とっしゅつ》」という状況である。それはボンベに詰められたガスのように、地下数百メートルで何万年も圧縮されたままになっていたメタンガスが、採炭作業の途中で突然に炭壁を破って爆発的に噴き出すことである。これがいわゆる「ガス突出」で、石炭であろうと岩石であろうと、一時《いっとき》に強烈な風圧《ふうあつ》で吹き飛ばしてしまうのである。かつて赤平《あかびら》の炭鉱では炭車三〇〇台分の石炭や粉炭《ふんたん》、岩石を一度に吹き飛ばした例があるというから大変な力である。直径がせいぜい四、五メートル、あるいはそれより小さな坑道の中でこの猛威をふるわれるのであるから、炭車が線路を暴走し、採炭機械は吹き飛ばされ、坑道を支える鉄の枠組や柱までが吹き飛ばされてしまう。もしそこに人間が立っていたとしたらどんなことになるかは容易に想像できるだろう。

私が札幌放送局に在籍していた時、昭和四四年（一九六九年）に「ガス突出」で住友歌志内《うたしない》炭鉱の一七人、住友赤平炭鉱の三人、美唄《びばい》炭鉱の一人の合わせて二一人が、昭和四六年（一九七一年）に住友歌志内炭鉱で三〇人が犠牲になっている。そして最も犠牲が多かった「ガス突出」は、なんといっても昭和五六年（一九八一年）一〇月の北炭夕張新鉱で、九三人の犠牲者を出している。その事故では「ガス突出」の後に坑内火災が発生して災害を一層大きなものにした。

そのように大きな「ガス突出」となると、現場近くで働く鉱員は炭壁にたたきつけられたり飛ばされたり、あげくの果てに崩落によって生き埋めになったりしてしまう。仮に「ガス突出」の直接の被害から逃れられたとしても、メタンガスの膨張《ぼうちょう》によって付近の空気は追い払われてしまうから、場合によっては窒息死《ちっそくし》してしまう。さらにそこに火源《かげん》が加われば、ガス爆発が起きたり、「炭塵爆発」といって、舞い上がった石炭の微粒子《びりゅうし》に引火《いんか》してガス爆発よりはるかに大きな爆発が起きることもある。三井三池《みいけ》炭鉱の災害はそれであった。この時の爆炎《ばくえん》の走る速度が最高で毎秒一二〇〇メートルというからとてつもない速さである。

どこからどこまでが「ガス爆発」で、どこから先が「炭塵爆発」かという区別はつきにくい。どんなに掃除されている坑内でもひとたび爆発が起きればどこからでも炭塵は巻き上がり、「ガス爆発」が「炭塵爆発」となることがあるからだ。

「純粋のガス爆発というものはないから、爆発した炭塵の威力の小さいものをガス爆発と思えばよい」と通産省の「鉱山保安教本」は言っている。

■爆発の火源

「ガス爆発」「炭塵爆発」を引き起こす「火源」について考えてみる。「火源」にはどんなものでもなり得る。

たとえば炭鉱員たちのつけているキャップランプの破損からも、機械を動かすための動力線の破損やショートした時のスパークからも、炭車が暴走して脱線したり転覆したりした時に出る火花からも、時には着衣の静電気からでさえも着火することがある。それだけではない。石炭をいつまでも野積《のづ》みにしておけばやがて自然に燃え出すように、取り残された坑内の石炭や炭塵も、坑道に送り込まれた空気によってしだいに酸化現象が進んで、ついには発火する。「自然発火」である。昭和四〇年(一九六五年)二月の北炭夕張新鉱のガス爆発事故ではこの「自然発火」が火源となっている。

空気中の「酸素」と「メタンガス」と「火源」。この三つが坑内で揃うと爆発する。逆に言えばこの三つのうちどれか一つがないと爆発は起こらない。北炭夕張新鉱の事故の場合は、石炭を掘った後の坑道で、取り残された石炭や泄出していたメタンガスの密閉が不完全だったために空気が侵入して発火したものだとされて裁判にもなった。

爆発事故の火源として最も多いのは、坑内の電気設備から出た電気スパークによるもので、全体の三分の一以上を占めている。

ほかに火源として多いのが「ハッパ(発破《はっぱ》)」である。炭鉱用のハッパに使う火薬は、炭鉱用として特別に作られたものである。ただでさえメタンガスが立ち込める坑内でかけるハッパであるから、爆炎《ばくえん》の温度が低く、炎の長さも短く、爆炎の出ている時間が短いもので、爆発速度はできるだけ遅いことが理想とされている。ところが、採炭作業における消耗品の半分は坑木《こうぼく》と火薬だと言われるように、火薬代が馬鹿にはならない。良い性能の火薬を買えばそれだけ経費がかかるということだ。

そのことについて北海道大学工学部鉱山工学科の磯部俊郎教授は次のように言う。

「その肝心の火薬に三級品を使っているのがほとんどだと言っても過言ではない。良い品ほど値が高いからだ。問題なのは、明治・大正年間の古い規制をそのまま使っていることだ。たとえば四〇〇グラムで正常に働く回数が何回あればパスとか六〇〇グラムで何回正常に働けば商品として使っても良いというその基準そのものが甘くて、採炭が高能率になった現在にはとても間に合わない。それなのに、その規定を変えようとする気運にならないのだ」

人命第一のはずの炭鉱の現場でそのような火薬が使われていることをどう考えればいいのか理解に苦しむところである。

■坑内火災

「坑内火災」についても述べておこう。坑内火災はガス爆発によって引き起こされるほか、北炭夕張《ほくたんゆうばり》平和鉱《へいわこう》で起こった事故のようにベルトの加熱から坑内火災になることもある。一番多い坑内火災の原因は「自然発火」である。「崩落」と同じように、この「坑内火災」も、厳密に言えば月に何回も起きている。それがボヤで終わるか、本格的な火災となるかは、監視機能と鉱内作業のあり方によって決まるのである。

ところで、自然発火を早期に発見したとしても、それを完全に消しとめる方法は実はまだ確立されていないのだと磯部教授は言う。西ドイツではこの坑内火災の研究だけに、鉱山専門の学者のほかに、数学、物理学、化学など基礎科学の専門家まで投入して、何億円も、ときには何十億円もかけて研究しているという。西ドイツ(当時)のドルトムントでその研究の規模とレベルを見てきたと磯部教授は言う。

日本ではどうだろう。以前と比べれば保安に対する関心が高まったとはいえ、鉱員一人ひとりに対する保安教育にやっと力が入り出したという段階であって、実際に採炭する最先端の現場では依然として「先山《さきやま》（経験の深い鉱員）」の勘《かん》にすべてがかけられている状況である。まして、撤退《てったい》産業と言われる石炭産業にこれ以上金のかかることは御免被《ごめんこうむ》るというのが現状だと磯部教授は言うのである。

■一酸化炭素中毒

坑内火災が起これば人間がやっと通れるくらいの坑道などはたちまち灼熱地獄《しゃくねつじごく》になってしまう。直接火を浴びなくても、酸素《さんそ》不足の狭い坑内で不完全燃焼《ふかんぜんねんしょう》をしたガスはＣＯ^{2}（二酸化炭素）になりきれずにＣＯ（一酸化《いっさんか》炭素）の状態で坑道を走る。現在地上で騒がれている自動車の排気《はいき》ガスの成分が、狭い坑道の中でぐっと濃縮《のうしゅく》された形で大量発生する。多くの場合、この猛毒《もうどく》ガスで命を落とすのである（第6表）。

人間の体はエネルギーを作り出すために酸素を必要とする。その酸素を運ぶのは血液中のヘモグロビンである。ヘモグロビンは肺《はい》で酸素をキャッチして酸素ヘモグロビンとなって体内を循環《じゅんかん》し、不要になった二酸化炭素と結合して再び肺に戻ってくる。ところがヘモグロビンは酸素の二五〇倍という圧倒的な親和力《しんわりょく》で一酸化炭素と結合してＣＯヘモグロ

第6表　CO発生の化学反応

坑内で爆発した場合は酸素（O_2）不足で不飽和の反応をして一酸化炭素（CO）と水（H_2O）を発生する。

$$CH_4 + 2O_2 \rightarrow CO_2 + 2H_2O \quad \text{（飽和）}$$

↓

$$CH_4 + \frac{1}{2O_2} \rightarrow \underset{\sim\sim}{CO} + 2H_2 \quad \text{（不飽和）}$$

↓

猛毒ガス

第７表　一酸化炭素（CO）吸収量と人間の症状

濃度（％）	時間（分）	COヘモグロビン（％）	症　状
0.1	10	5	目まいや、はき気など軽い症状が出る
	60	25	頭痛・キーンという痛みなどかなりの症状が出る
	120	40	呼吸の乱れが起きる（重症）
1	10		死亡

ビンとなる。これは組織の末端《まったん》に行っても一酸化炭素を離さないでそのまま戻ってくるから、人間は体の内部から窒息してしまうのである。

美唄労災病院の吉田剛医師は、炭鉱事故の患者を診《み》てきたその道の権威であるが、どのくらいの一酸化炭素を吸ったら人間はどうなるかを第7表を用いて説明してくれた。

「つまり、空気中の容量の中に〇・一パーセントの一酸化炭素が含まれた空気があった場合、それを一〇分吸うと人間の体内には血液全体の五パーセントのCOヘモグロビンが出来上がり、めまいや吐き気など軽い症状を訴えるが、その同じ空気を一時間吸えば、かなり激しい頭痛などを訴える。同じように二時間吸えば、呼吸は乱れてかなり重症となり、ついには死亡する。一酸化炭素の濃度がもしもこの一〇倍だとすると、一〇分で窒息してしまう。濃い一酸化炭素を吸えば、わずか一分で死んでしまう。ほとんどが即死である。救出された炭鉱員の皮膚《ひふ》が一見してきれいなピンク色に染まっていたら、まず一酸化炭素にやられたと見ていいだろう」

一酸化炭素の恐ろしさがよくわかる。つまり、一酸化炭素中毒とは体の内部から首吊《くびつ》りと同じようなことをやったことになる。一酸化炭素にやられた場合は、いち早く高圧酸素室《こうあつさんそしつ》（酸素ボンベ）に入れる。つまり大気中よりも高圧の中に入れて、ヘモグロビンと結合した一酸化炭素を乖離《かいり》しなければならないのである。近頃では簡易なものも出てきたが、高圧酸素室を坑内に持ち込むのは大変だった。こうしたものが坑内に運ばれるのを目にした時、われわれ取材陣は地底で何が起きているかを推測することができる。

一酸化炭素が発生した場合、現場では「COマスク」と呼ぶ一酸化炭素を防ぐマスクを着用する。昭和四三年（一九六八年）七月の北炭夕張平和鉱事故の時には、坑口から新しい空気が流れてくる「北部ベルト斜坑《しゃこう》」へあと一〇〇メートルの地点まできて四人が亡くなった。さらに数メートル離れて二人が死んでいた。全員COマスクを着用していなかった。基本的な保安設備と避難訓練の必要性が、この時ほど叫ばれたことはなかった。

「COマスクが置いてある場所まで行き着けないほど急を要したのではないか」

「とにかく慌てたのではないか」

などといろいろと推測されたが、

「個人個人のバンドにしっかりと結んでおけば使えたはずだ」

という強い反省の声に打ち消されてしまった。しかし、このCOマスクにも限界がある。普通二五分から三〇分は有効だとされているが、その間に安全圏まで脱出しなければならないのである。常識的に考えて、坑口から現場が遠く離れれば離れるほど、安全圏への道程《どうてい》もまた遠くなる。しかも地下に向かって掘り進んだ坑道を避難する場合は、坂を登りながら逃げることになるのである。採炭現場が坑口から遠くなれば生産の能率低下になるばかりか保安の面でも問題が大きくなるのである。

■出水事故

続いて「出水事故《しゅっすい》」。北海道の炭鉱ではこの種の災害は見られない。釧路《くしろ》の太平洋炭鉱を除いては、海の下を掘り進んでいくといった炭鉱がなかったからである。

「出水事故」は九州に多い。昭和三五年(一九六〇年)九月の豊州《ほうしゅう》炭鉱の災害は、出水事故としては戦後最大の六七人の犠牲者を出した。もっと遡《さかのぼ》ると大正四年(一九一五年)四月には東見初《ひがしみぞめ》炭鉱の二三五人という記録的な災害が起きている(**第5表**)。「出水事故」は天盤《てんばん》が抜けて海水や河川の水が流れ込んで起きる。石炭を掘っていくうちに古い坑道に突き当り、そこに溜まっていた水が一気に流れ込むという場合もある。戦時中に掘《ほ》りっ放《ばな》しのまま記録にも載《の》っていないような坑道が原因である。

■山はね

最後に自然の作用が最も強いとされている事故の「山はね」についても考えてみたい。炭鉱員たちの中には山はねを「盤膨《ばんぶく》れ」と言う人もいる。坑道の地盤《じばん》がいきなり持ち上がるからだ。坑道は古い鉄のレールをUの逆字に曲げて天盤を支えているが、上下左右の圧力が次第に加わって少しずつ小さくなっていく。そこで絶えず下を削って坑道を確保する。ひどいところでは膝《ひざ》を折って進まないと抜けられないような坑道もある。石炭を運ぶベルトコンベアが天盤すれすれに走り、人間の通る道がドブのような溝《みぞ》の中という坑道があるのを私は数回の入坑体験で知った。

このように少しずつ狭くなっていくのならまだしも、何かの拍子でいきなり坑道が狭まるのが「山はね」「盤膨れ」という現象である。この現象は必ずしも下から盛り上がるとは限らない。横から鉄のレールをひん曲げてしまう場合もある。上下左右からの圧力を含めて総合的に「山はね」と呼んでいるのである。

「高さ三メートルもあった坑道が下から一時に持ち上がりわずか二〇センチほどになったとしたら、その上で立って働いていた人間はどうなると思うかね」

昭和四三年（一九六八年）五月に起きた美唄《びばい》炭鉱の「山はね」を取材中の私に担当係官がそう言った。人間ばかりではない。こうなると坑道に敷設されている電源も風管《ふうかん》も、抜いたガスを送り出す管《かん》もベルトコンベアも、電話線も、すべてが障害を受ける。美唄炭鉱の事故の場合も、坑道を走っていた三〇〇〇ボルトの高圧ケーブルの切断が火源になったのではないかと推測された。坑内火災で救出作業もできないため、この時も水を送り込んで水没させた。最後の遺体は事故から一七二日後に搬出された。新緑の五月一五日の事故が一〇月三一日の遺体搬出で幕となった。

「山はね」の原因を明らかにすることは極めて難しいとされている。鉱員たちは山のあくびだという。技術的には防ぎようがないと言う人もいる。地震との関係もあるのではないかと言う人もいた。事実、この美唄炭鉱の場合も、事故が起きた時間の前にごく小規模な地震があった。しかし、それが決定的な原因だと断定することは難しい。

「〝山はね〟は美唄炭鉱や住友奔別《ぼんべつ》炭鉱など、鉱山《やま》によって起きやすいところがある。戦後の北海道では三四回あったが、大騒ぎになったのは今度が初めてだ」

と、北見工業大学の狭山聡平教授は当時そう説明した。

事実、「ガス突出または山はねか」と第一報で報じられた昭和四六年（一九七一年）七月の住友歌志内《うたしない》炭鉱の事故も、結局はガス突出として処理されている。美唄炭鉱の事故にしても、通産省では坑内火災として処理している。通産省のこの処理の仕方がどういう理由に基づくのかはわからないが、山はねはそれだけ珍しく、人為的な要素も少ないとされている。

■機械化と経験的な勘

事故原因と用語についてひと通り述べてみた。原因別から考えた戦後の炭鉱事故の大きな特色としては、前にも述べたように機械の大幅な導入によって、それに伴う事故が生まれたことである。大型の機械が入れば動力も大型になり、配線設備も大規模になるなど、火源になる要素も以前よりははるかに増えて複雑となる。

坑内は地上とはまったく違った自然環境にあることも挙げられる。たとえば「ガス突出」という自然現象が起こる。それを未然に防ぐために、「先進《せんしん》ボーリング」といって、一〇メートル先までボーリングをしてガスを抜き、また一〇メートル掘り進んでいくという方法をとっている。これはちょうど目の不自由な人が杖《つえ》を左右に振って安全を確かめて歩くように、前を確かめながら掘り進む工法のことである。これで安全だという保証はないのだが、この「先進ボーリング」が現在では一番科学的だとされている技術なのである。そこから先は多分に経験的な勘に頼る。切羽《きりは》の状態が断層になっていないかどうか。「褶曲《しゅうきょく》(地層が複雑に入り組んでいること)」になっていないかどうか。「ゴーッ」という山鳴《やまな》りが聞こえないかどうか。ガス量は、温度はどうか、そして低気圧が鉱山《やま》の上空を通過していないかどうか——といった具合である。低気圧が通れば、ちょうど注射器を引くように坑内のメタンガスがいつもの量より余分に坑道に引き出されて、弱い地層を一層脆《もろ》くして、いきなり「ガス突出」がくるとも限らない。

つまり、こうしたさまざまな条件を、人が第六感《だいろっかん》で素早く感知しなければならない。しかし第六感と言っても、あくまでも勘なのである。学問的な対象にはなり得ても、それ自体はまだ科学ではない。「ゴーッ」という山鳴りを聞く以前に手の打てる科学的な研究こそ、最も必要に迫られているのだが、先に述べたように斜陽の石炭産業にはそうした研究に要する費用さえ惜しまれているのが実情である。機械設備は年々開発されていくが、それを使って人が安全に掘るための研究開発となると残念ながら進んでいないと専門家は嘆いた。

第7章　北海道大学鉱山工学科

■炭塵爆発とメタンガスの関係

私は改築される前の北海道大学《ほっかいどうだいがく》工学部《こうがくぶ》鉱山工学科《こうざんこうがっか》採炭第二研究室《さいたんだいにけんきゅうしつ》を何度か訪ねたことがある。土間の上にオンボロの〝小屋がこい〟といった風情の研究室で、大学院生たちが実験に励んでいた。無精《ぶしょう》ひげを生やした学生もいる。その中の一人が自分の大学ノートから爆発環境を示した一枚の表を見せてくれた。それが第8表である。ひと言で言えば、空気中にどれだけのメタンガスが含まれている時に爆発が起こりやすいかという「炭塵《たんじん》爆発」とメタンガスの関係を表わしたものである。

これによると、空気中に含まれるメタンガスの量が五パーセントから一五パーセントの間で「ガス爆発」が起こり、特に九・五パーセントの時が最大となる。五パーセント以下でも一五パーセント以上でも爆発の心配はない。一方、炭塵は、一立方メートルの空気中に〇・五から二グラムが舞っているくらいでは心配はない。しかし、ひとたび「ガス爆発」や「ガス突出《とっしゅつ》」などで、一時的にせよ、通常の一〇〇倍から一〇〇〇〇倍の含有量に達した場合、つまり一立方メートル中に四八グラム以上の「炭塵《たんじん》雲《うん》」になると、メタンガスがまったくなくても火源《かげん》さえ与えられれば爆発する。しかし一般的には、メタンガスによる「ガス爆発」が火源となって炭塵を巻き上げて「炭塵爆発」を誘うというケースか、ガスと炭塵の「混合爆発」といったケースになるものと推測されるのだという。

「どこで爆発するかというこの線を一本引くのに、こうして何百回も実験をして苦労しているんですよ。線の内側では爆発しません」

第8表　炭塵とメタンガスの爆発環境

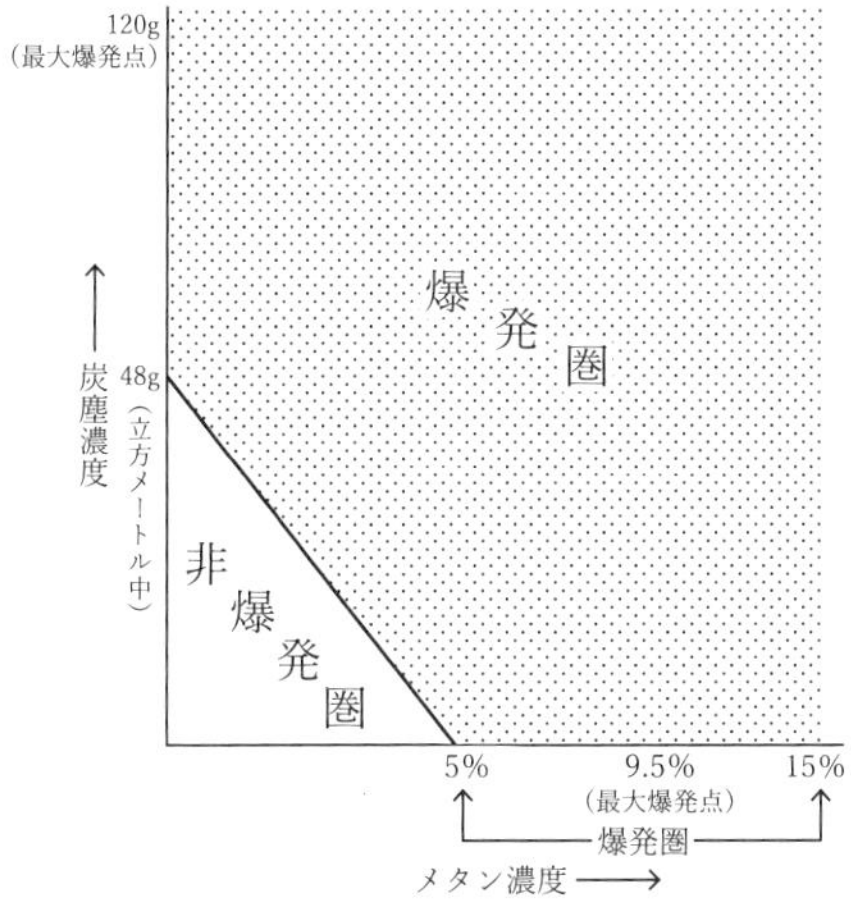

そう言って学生たちは、坑道に見立てた模型の風《ふう》洞《どう》の中で小さな爆発を起こす実験を続けていた。小さいとは言っても自動車のバックファイアーほどの音がする。思わず耳に手を当てる。炭塵爆発の場合は、爆発の速度が一秒間に一二〇〇メートルという驚異的な速さで伝わってゆく。試験用の風洞ならともかく、これが実際の坑道で起こったらと想像しただけで空恐《そらおそ》ろしくなる。「炭塵爆発」は「ガス爆発」よりはるかに強い破壊力を持っているのである。

「ドカンと一撃されて、それから先は耳が聞こえなくなった。そしてキリキリと頭が痛んだ」

爆発地点に近いところで救出された鉱員は、皆、同じように説明する。

通産省の「石炭鉱山保安規則」によると、坑内の空気中のメタンガス含有量《がんゆうりょう》が一・五パーセントを超えた場合は、発破《はっぱ》をかけてはいけない（一八七条一項）し、一般の作業をしてもいけない（八八条、一二四条一項）ことになっている。さらに二パーセントを超えた場合は、保安作業など特別に許可された鉱員以外は歩いてもいけないことに決められている。そのため坑内に入って実際の作業を指導する「係員《かかりいん》（一般の会社でいう「係長」に相当する）」は、作業中も絶えず計測しながらメタンガスの量が一・五パーセントを超えないように注意を払っている。特に発破の前後は慎重に計測しなければならない。

■係員と鉱員の関係

ところで、係員は、ほとんどが学校を出て炭鉱会社の職員として働いている人である。これに対して一般の鉱員は初めから鉱員として働くから、所属する組合も会社側の係員とは別になっている。経験年数から言っても、係員よりは鉱員の方がはるかに経験が豊富で、年齢も上の場合が多い。だから係員の側から言わせれば鉱員は使いにくい相手だし、鉱員の側から見れば係員は若くて頼りない。しかも会社側の命令は一方的に係員から伝わってくる。

「メタンガスが完全に収まるまで次の発破をかけさせないようじゃ、お前たちの言う出炭量《しゅったんりょう》も出ないし、出炭量や掘進《くっしん》したトンネルの長さで賃金になる俺たちは飯の食い上げになってしまう」

ということも言われかねない。この突き上げは、生産を少しでも増やしたいと願う会社側にとっても悪いことではないから、結局、係員を板挟《いたばさ》みにしたまま、彼ら自身を危険に追い込んでいく場合があるという。しかし理由がどうであれ、自然の法則を人間たちが踏み越えて作業をすれば、自然はたちどころに反撃してくるのである。

■メタンガスの特性を利用

　メタンガスが坑内の空気中の一五パーセントを超えると、今度は過飽和《かほうわ》状態になって爆発しなくなる。そこでこの理論を利用して、爆発事故の後、生存の見込みのない被害者の遺体を鉱内から運び出すために、坑道の一部を仮密閉《かりみっぺい》してメタンガスの量が増えるにまかせ、一五パーセント以上になったところでマスクを着けて一気に遺体を運び出すという方法も考えられた。これが実際、昭和四三年（一九六八年）一月の美唄炭鉱の災害で行なわれている。この時も会社側は収容作業とは言わず、あくまで救助作業であると説明し続けた。メタンガスの濃度を上げると言っても、そう簡単にいくものではない。少しずつ湧《わ》き出すメタンガスを溜《た》めて、爆発しない状態までもっていくのにざっと一〇時間以上はかかるという。それも期待通りに溜まるかどうか、それこそ自然まかせである。

　北海道の炭鉱の特徴を磯部俊郎教授は次のように説明する。

「九州は、〝軍艦島《ぐんかんじま》〟と言われた長崎の端島《はしま》が急傾斜《きゅうけいしゃ》の炭層だったほかは、すべて平らな炭層だから極めて掘りやすい。もっとも、掘りやすさが手伝って、本当に掘りやすい場所はもう掘り尽くしてしまったかもしれないが……。それに対して北海道は、ほとんど全部が急傾斜と言ってよい。掘り進むにつれてどんどん深部《ふけ》に入っていく。深部に入ると、まず盤圧《ばんあつ》が強くなる。早い話、それだけ上に土が載っかるからだ。メタンガスの発生量が増大する。地熱が高くなる。地球の中心部に近づくからだ。地熱は水平線から一〇〇メートル下るごとに摂氏《せっし》三度ずつ上がる。気圧が上がると坑内の空気が風船を周囲から押さえつけるような格好《かっこう》で締めつけられるからである。空気の圧力が上がるため、また気温が高められ、この方からは一〇〇メートル下るにつれて一度上がる。したがって一〇〇メートル下るにつれて、坑内の温度は摂氏四度ずつ上がる勘定《かんじょう》になる。

さらにまた、盤圧はある程度以下になると急速に強まってくる。昔はいくら掘り進んでもせいぜい年にマイナスレベルで五メートルから六メートルもいかなかったものが、いまでは機械の進歩で年に二〇メートルから三〇メートル以上も深く掘り進んでしまう。こんな調子で五、六年も経つと、簡単に二〇〇メートルから三〇〇メートルも掘ってしまい、坑内の気温は八度から一二度も上がってしまう。坑内条件はますます悪くなるはずである。マイナスレベルで三〇〇メートルを越えれば、もうすっかり老齢期《ろうれいき》の炭鉱《やま》ですよ」

雄別《ゆうべつ》炭鉱茂尻《もじり》鉱の災害現場は、マイナスレベルで三九〇メートル、傾斜角七五度、坑口から三五〇〇メートル奥の「7片11番層」という位置であった。事故を起こした現場の下にはもう一枚、マイナスレベルで五二〇メートルという「9坑道」があった。これなどは先程の説明からすれば、老齢期も老齢期、大変な〝年寄炭鉱《としよりやま》〟ということになる。しかも七五度の急傾斜で石炭を掘るのであるから、立って作業するのがやっと、足場《あしば》も決めにくくなるだろう。こんなところまでよく掘り進んだものである。

坑口から三五〇〇メートル奥と言えば、昔で言えば一里《いちり》である。斜坑を一時間も一時間半もかけてぶらぶら歩かれたのではたまらないというので、井戸《いど》を掘ってエレベーターで人や機材を一挙に地底に送り込んで、現場までの所要時間を短縮させる。いわゆる立坑《たてこう》の考え方である。雄別炭鉱茂尻鉱の場合、それでもなお三五〇〇メートルも掘り進んでしまったのである。

昭和四四年(一九六九年)五月の住友歌志内《うたしない》炭鉱の事故現場は、坑口から三八〇〇メートル奥であった。発破を仕掛けた衝撃で日本最大級と言われる「ガス突出」が起こり、それまでの最大と言われた五〇〇トンをはるかに上回《うわまわ》る三〇〇〇トンの石炭の塊が一挙に吹き出されたのである。その石炭に打たれたり、埋まったりして、一七人が死亡している。二年後の昭和四六年(一九七一年)七月には、同じ住友歌志内炭鉱で、やはりガス突出によって三〇人が命を落としている。

災害現場の深さでは、昭和四四年九月の三菱大夕張《おおゆうばり》炭鉱の落盤事故で二人が死亡した現場が、私の知る限りの最深《さいしん》である。本坑《ほんこう》の坑口からはなんと七五〇〇メートル奥の掘進現場での事故であった。途中、坑内電車を利用しても約一時間はかかる奥なので、救出作業も難航《なんこう》した。まるで東京のサラリーマンの通勤事情のようである。機械や技術の進歩が、ひと時代前にはとても想像できなかった場所まで石炭を掘りに行くことを可能にしたのである。

■炭鉱研究者たちの進路

厚いオーバーを着込んで、マフラーを頭からかぶり、冷たい土間《どま》にかがんで実験を繰り返していたあの時の大学院生たちが、今どんな方向に進んで社会人になったのか私は知らない。石炭産業の華《はな》やかな時代であったら、そのまめざす炭鉱に進んで、多くの先輩たちのようにそれぞれ現場の責任者として、保安《ほあん》課長として、鉱長《こうちょう》としての道を歩いていったであろう。しかし、現在の石炭産業の事情では、いったい彼らの将来はどうなるのであろう。そんな心配をして尋《たず》ねたら、かつて研究室で実験を繰り返していた大学院生の一人がこんな話をしてくれた。

「いや、大丈夫。彼らは前途洋々《ぜんとようよう》ですよ。ま、それはいささかオーバーかもしれないが、とにかく心配したものではないですよ」

「なぜですか」

「なぜって、それはもちろんかつてのように炭鉱に就職する道は狭くなったかもしれない。しかし、石炭の質を見分け、それがどこにどれぐらいあるか推定《すいてい》する力がついていれば充分《じゅうぶん》なんだ」

「海外へ行って、向こうの炭鉱に就職するっていうこと？」

「違う。海外へ行って炭鉱をのぞくことは確かだが、炭鉱にはもう就職しない。その代わり、製鉄《せいてつ》や貿易会社に就職して有望な炭鉱をのぞいたり、海外の新鉱開発の資料を分析したりして、輸入原料炭の買い入れに当たるのさ。そしてどこの国の輸入炭と国内炭のどれを混《ま》ぜれば鉄を溶かすのに最も効率よく、しかも経済的かを研究するんだ。日本の炭鉱は知り尽《つ》くしてるし、資源の乏《とぼ》しいわが国の技術水準はそれだけ高いわけだ。どうせ、はじめから日本は原料炭が足りなかったのだから、これからはいっそう輸入炭の需要が増大するに決まっている。穴にもぐって事故の責任をとらされるよりも、バイヤーの方が一〇〇倍も一〇〇〇倍も安全で第一格好《かっこう》もいいだろう」

元大学院生の話を聞いて私は驚《おどろ》いた。それから間もなく北海道立美唄《びばい》工業高校の鉱山機械科が閉鎖されるという新聞記事に接した。炭鉱の街・美唄市の道立工業高校は、昭和四六年（一九七一年）三月の卒業生を最後に、三〇年の伝統ある鉱山機械科を閉鎖したのである。炭鉱労働者の子弟《してい》にさえ、炭鉱は嫌《きら》われたのであった。炭鉱の研究者たちは石炭バイヤーに転身《てんしん》する一方で、本来ならば採炭の中堅技術者になるべき若者たちは他産業へと流れていく。〝撤退産業〟とはよく言ったものだと思った。

第8章　北炭夕張第二鉱と太平洋炭鉱の中へ
――一九六七年

■北炭夕張第二鉱へ

百聞《ひゃくぶん》は一見《いっけん》にしかず――。北海道大学の大学院生の勧《すす》めもあって、私は入坑《にゅうこう》することを決心した。最初に入坑する炭鉱は北炭夕張第二鉱《ほくたんゆうばりだいにこう》にした。昭和四三年（一九六八年）七月の落盤《らくばん》事故で八人が亡くなった炭鉱だ。

私が入坑したのはその災害の起こる前年の昭和四二年（一九六七年）だった。生まれて初めての入坑は、初めて飛行機に乗るのと同じような緊張感《きんちょうかん》があった。作業衣《さぎょうい》に着替《きが》え、ヘルメットをかぶり、バッテリーをリュックサックのように背負《せお》って、キャップランプをヘルメットのブラケットに差し込んだ。キャップランプは入坑前に備《そな》え付けの棚《たな》で充電《じゅうでん》する仕組みになっていて、棚から引き抜くと自動的に灯《あか》りがつく。再び坑《あな》の外に出て、この充電棚に戻さない限り、ライトはつきっ放《ばな》しで、自分自身で点《てん》滅《めっ》させることはできない仕掛《しか》けなのだ。点滅の際の小さな接触でさえ災害の火源《かげん》になりかねないからである。坑の中に閉じ込められた者が最初に寂しい思いをするのは、このキャップランプの灯りがなくなってしまうことだという。そうなれば、隙間《すきま》からの明かりさえ差し込まない地底は、暗黒《あんこく》の極致《きょくち》になってしまう。

■エレベーターに乗る

会社の係員に同行してもらって炭車《たんしゃ》で約一五分。ひと山をトンネルで抜けた奥の沢に北炭夕張第二鉱があった。地上からマイナスレベルで五九〇メートルを、エレベーターで一挙に降りる。その速いこと。同乗の鉱員たちのキャップランプが、エレベーターの鉄柵《てっさく》の間から地肌《じはだ》を照らす。いささかオーバーな表現をすれば、地球の断面《だんめん》を見る思いである。

あっという間に地底に到着。そこには簡単な坑内《こうない》事務所があって、身体検査《しんたいけんさ》を受ける。タバコやマッチの類《たぐい》を持ち込ませないためである。

「ひところたちの悪い鉱員がいて、わざわざタバコを持ち込んで吸ってきたことを自慢《じまん》する奴《やつ》がいた」

以前、そんな話を聞いたことがある。いたずら半分なのだろうが、常識では考えられないことだ。坑内事務所での身体検査をパスして、電灯の照らす幅広い坑道《こうどう》を係員と肩を並べて歩いた。

■銀座通りを行く

「ここは銀座通《ぎんざどお》りだ」

と係員が言った。係員が「銀座通り」と呼んだ坑道は、灯りが少しずつ減っていくため、キャップランプの光がしだいに威力《いりょく》を見せてきた。

坑内にはかなり強い風が流れている。下《くだ》り勾配《こうばい》と冷たい風の束《たば》に背中を押されながら、前のめりに歩く。枝分《えだわ》かれした坑道を進むと、ある時急激に狭くなった。

「もとはこの坑道も今通ってきた銀座通り並《なみ》だったんだが、使用しないもので」

と係員は一つの坑道を指さした。そこは坑道のおよそ三分の二までが地中に埋まってしまい、アーチ型の丸い天井の部分だけが一メートルほどのぞいているにすぎなかった。

「水が溜《た》まっているんです」

そう言って係員は手近の小石を放り込んだ。坑道の地盤《じばん》だと思っていたあたりに、ドボンと音がして黒い輪が広がった。

■風門と坑内運搬車

坑内は風の流れを厳重に管理しなければならない。坑道の先々《さきざき》には材木《ざいもく》を組んだだけの仕切《しき》りがある。風門《ふうもん》である。その扉《とびら》が大変に重い。この木の扉一枚で風の方向がまったく別になる。扉が吸いつけられるように閉まった。内側にビニールのシートで裏張《うらば》りまでしてある。驚いたことに、この扉の中は坑内運搬車《こうないうんぱんしゃ》の鉄路《てつろ》だった。坑木《こうぼく》を満載《まんさい》にした坑内運搬車が鐘《かね》を鳴らして私たちの鼻先を通過した。私は慌てて運搬車と坑道の壁のわずかな隙間に直立《ちょくりつ》した。

坑内運搬車は動物園の電車をひとまわり大型にしたようなもので、無蓋《むがい》の運転席に座った鉱員のキャップランプが、薄い電車の灯りと一緒に進行方向の壁を照らしている。それをギリギリいっぱいにかわすと、私は次の風門を開けて、さらに奥の坑道に進んだ。ポリエチレン製のハンモックの「水棚《みずだな》」が数十個、天井から下がっている。それをくぐると真っ白な「岩粉《がんぷん》」が敷かれている地帯を通過する。水棚も岩粉もともに爆発の威力を最小限に食い止めるための工夫である。もし爆風《ばくふう》が勢いよくここを通過すると、天井のハンモックがちぎれて水が落ち、岩粉が舞い上がって炭塵《たんじん》と混《ま》ざり合う。爆発の威力を抑えようとするための仕掛けである。こうした仕掛けが随所《ずいしょ》にある。また、坑内には何カ所も連絡兼避難のための小屋があって、坑内電話や救急医療品、一酸化炭素マスクなどが備えてある。万一の場合、鉱員たちはそこに集結する。しかし、災害の時にそこまで辿《たど》り着けない場合もあるから、酸素マスクなどは腰のバンドにくくりつけるように指導している炭鉱が多い。

■幅三〇センチのドブを歩く

私たちが先へ進むと、坑道は人ひとりがやっと通れるほどの狭さになった。天井に頭をぶつけないようにして歩くのが精一杯《せいいっぱい》の坑道だ。地面に溝が掘ってあって、幅三〇センチばかりのその〝ドブ〟の中を歩くような格好になった。ベルトコンベアに載った石炭が天井をかすめるように走っていく。その時、正面から光の一群《いちぐん》がいきなり現れた。作業が終わった鉱員たちが帰ってきたのだ。ギラギラ光る目と赤い口元だけを残して顔中真っ黒な一団である。キャップランプが人数分だけ集まると、今まで見えなかった〝楽屋《がくや》〟のすべてが現れ、まるで見てはいけないところを一時に見てしまったように感じられた。天盤《てんばん》を支える枠組みや風管《ふうかん》、色とりどりの電力線などがところ狭しと走っていて、まるで巨大な動物の内臓《ないぞう》の中にいるようだった。私と案内の係員の二人は溝の中で、数十人の一団の一人ひとりと背をこするようにして坑道を行《ゆ》き交《か》った。

■切羽近くの坑道の狭さ

「これから先はもう切羽《きりは》です。彼らの交替で作業は終わったから止《や》めましょう」

ということで、結局私はこの時は念願の切羽までは到達できなかった。しかし、あの銀座通りのような坑道が枝分《えだわ》かれする地点までくると、こうも様子が変わってくるのだということを実感できただけで満足だった。

「だいたいはこんな程度。いや、もう少し良いかな。でも最後に膝を折って歩かないと進めない坑道もあることはあるんですよ。しかし、それでいて小さな坑道はそれなりに安全なんですよ」

係員はそう説明した。

しかし、こうした狭い坑道の奥で災害が発生した場合、いとも簡単にこんな小さな坑道は塞《ふさ》がってしまうだろう。事実、救護隊《きゅうごたい》を三〇人も五〇人も繰《く》り込《こ》んだところで、災害現場の先端ではたった一人か二人がやっと入れるような小さな穴を掘っていくだけなのだという話も聞いたが、そのことも実感としてわかった。

「崩落して坑道が塞がってしまった場合、岩石や石炭を除いて救助隊が掘り進める速度は、一メートルを一時間と覚えておけば、まず間違いないでしょう」

再三の災害現場ですっかり顔馴染《かおなじ》みになった係員が、私に教えてくれた計算法の一つである。災害時、「地上の対策本部では非番《ひばん》の鉱員まですべて動員してでもなぜ一刻《いっこく》も早く救出しないのか」と私たちは思いがちだが、実際の坑内はこうした状況になっているのである。

■救護隊という精鋭部隊

救護隊は会社の精鋭部隊《せいえいぶたい》である。酸素ボンベなど特別な装備も整えたいわばレインジャー部隊である。救出のための特別訓練や保安救護訓練も受けている。会社によっては一般職員と服装まで違う。大きな災害になると隣《となり》の鉱山《やま》から手伝いにくる場合もある。安否《あんぴ》を気遣《きづか》って鉱山全体がうち沈んでいる時に、明るい色調の真新しい作業服に身を包んだ救護隊が、整然とした統制のもとに繰り込んでいく姿は、なんとも頼もしいものである。坑内火災の場合などには、金属製の防火服を着る。

だが、いかに精鋭のレインジャー部隊でも自然にはかなわない。一度傷《いた》んだ坑内は、次の災害が待ち受けているのが普通である。崩落でメタンガスが前よりも一層大量に発生したり、傷んだ坑道から次々に火源が生まれたりして、二次・三次の爆発が起こる恐れがあるのだ。坑内が火災で灼熱地獄《しゃくねつじごく》になったら、もう手の施《ほどこ》しようもない。救護隊の入坑と通産省の鉱山保安監督官の現場視察によって、もはや生存の見込みなしと判断された場合は、会社は家族や組合などの了解のもとに、それ以上の災害が広がるのを防ぐための密閉や、最悪の場合には水没作業を行なうことになる。

■炭鉱は安全なところですよ

私の一回目の入坑は終わった。帰り道は上り勾配である。坑口に近い、例の銀座通りに出ると、脇道から鉱員たちが出てきて二人三人としだいにその数を増してきた。みな思ったよりさっさと歩いている。立ち止まって坑道の壁に小用《しょうよう》を足す姿も見える。面白いのは自分のキャップランプがそれを照らし出していることだ。無事に一日の作業が終わった心の安らぎを感じているのだろうか。しかしそう映るのは案外私だけの感傷によるものなのかもしれない。彼らが本当に「危ない危ない」と四六時中《しろくじちゅう》思い続けていたとしたら、一日たりとも働けないだろう。

「炭鉱は安全なところですよ。保安にも充分に力を入れている」

入坑中、係員は私に繰り返し言った。確かにすべては管理された作業計画の中で順調に流れている。いかに狭い坑道でも、それなりに補強され、保全されている。それが網《あみ》の目のように広がっている。坑道のどこにも災害の危険が潜《ひそ》んでいるとは思えなかった。一時に何十人もの死者を出すような悲惨《ひさん》な事故が、いったいこの坑道のどこで起こるのだろうかと思われた。

■釧路の太平洋炭鉱

翌日、私は釧路《くしろ》市の太平洋炭鉱《たいへいようたんこう》へ行き、二度目の入坑をした。太平洋炭鉱は積極的に近代設備を取り入れている会社で、事故の方も目立ったものはない優良炭鉱であったが、この炭鉱は海底に坑道があり、年々、採炭現場までの距離が遠くなるため次第に採算が合わなくなり、縮小に縮小を続けてきた。漁船でにぎわう港の岬の上に立った坑口事務所から、太平洋に向かって海の底を掘っていく。海の底と言っても、正確には海岸線に沿って比較的浅い海底で採炭している。まるで真夜中の夜行列車のように、フルスピードで走る炭車に小一時間は乗った気がした。そこからさらに徒歩で数十分歩いてめざす切羽《きりは》に到達した。

二メートル近くもある炭壁《たんぺき》は見事な黒光りし、一時は〝黒いダイヤ〟と呼ばれた石炭は面目躍如《めんもくやくじょ》たるものがある。炭層も北海道のどの炭鉱よりも穏やかだという説明のとおり、傾斜もほとんどなく、巨大な木材の板にまるで鉋《かんな》でもかけるように、ドラムカッターが規則正しく炭層を削っていく。油圧《ゆあつ》で天盤を支えて尺取虫《しゃくとりむし》のように進む、「自走枠《じそうわく》」と言う。いわば鋼鉄製の小屋の庇《ひさし》の下で作業員たちは崩落の心配もそれほどすることなく働いているようだ。こうした近代的な保安設備が取り入れられるのは、炭層が掘りやすい形で存在しているからである。これが七〇度も八〇度も傾斜した炭層では機械で掘るのは非常に難しくなる。

■太平洋炭鉱の機械設備

太平洋炭鉱の機械設備で驚いたのは、掘進《くっしん》用の作業車である。消防ポンプを大型にしたような形のトレーラーの先に、鋭い歯を持ったシャベルが付いていて、大型の照明灯を頼りに岩石を打ち砕《くだ》いていくのだ。庭石《にわいし》ほどもある大きな岩がバリバリと強烈な音を立てて掘り出され、砕かれて、三メートルもあろうかと思われる高さの壁面《へきめん》から落ちてくる。いい加減《かげん》進んだところで、今度は運搬車の登場である。これも大きなスコップを付けた作業車が、たちまち岩石や土砂を片付《かたづ》けてしまう。その作業車のタイヤの大きいこと。下駄《げた》の歯のような肉厚《にくあつ》のゴムタイヤを見ていると、未来の宇宙基地でも建設しているような錯覚《さっかく》にとらわれる。

自然環境にもよるのだろうが、この太平洋炭鉱を見た後では前日に見た北炭夕張第二鉱はかなり暗いように思われた。

太平洋炭鉱でも係員が炭鉱はいかに安全な職場であるかを繰り返し強調した。

「この炭鉱はメタンがほとんど出ないからガス爆発の心配はない」

そんな言葉一つでも、地上で聞くのと、こうして現場で改めて説明されるのとでは、まるで感じ方が変わってくる。今まで「ガス突出」だの「山はね」だのと、災害のことばかりを考えていたが、ここではまるでそれが見当はずれの心配をしていたという気にさせられるから不思議である。それは私ばかりでなく、一緒に入坑した報道人たちの共通した実感でもあった。現場の空気というのはそういうものなのかもしれない。

しかし、これほど近代的な設備を投入し、事故らしい事故も起こさず、良質な一般炭を採炭していた太平洋炭鉱が、主従《しゅじゅう》の立場を変えて、「太平洋興発《たいへいようこうはつ》」の子会社として再発足することになった。太平洋興発は、もともと不動産を扱っていた太平洋炭鉱の子会社である。ここにも時代の変遷《へんせん》を見る思いがする。資本金も一四億円から三億円に減額された。昭和四五年(一九七〇年)一一月のことである。採炭現場が遠くなり、石炭の作業員の輸送に費用と時間がかかるようになったからだということであった。石炭はまだまだ無尽蔵《むじんぞう》にありながら、係員の言葉を借りれば、

「採《と》りに行くのに金がかかる」

からであった。

■割高になった国内炭

太平洋を一望《いちぼう》する丘の上の坑口事務所からは、漁船と一緒に大型船の行《ゆ》き来《き》する風景が見られた。

大型の輸送船がどんどん造船されており、経済的な目から見れば今や太平洋は日本と世界をつなぐ河川といった感じなのかもしれない。たとえば鉄鋼にしても、アメリカでは東海岸から西海岸まで陸上運送するよりも、値段の安い日本の鋼材を買って太平洋経由で船で運んだ方が安上がりだという話さえある。それとまったく同様に、オーストラリアやアメリカで大量に採炭された良質で安い石炭が、海を渡ってどんどん日本にやってきていて、年々その量は増加している。海底に潜《もぐ》って一日の採炭を終えた鉱員たちが帰ってきて一息《ひといき》入れる丘の上の坑口事務所。その事務所の目の前の海の沖に停泊した外国船の石炭の方が、今しがた自分たちの掘った石炭よりもずっと安いとしたらいったいどんな気持ちになるのだろう。

日本の原料炭《げんりょうたん》にかなり近い性状のオーストラリアの弱粘炭《じゃくねんたん》の価格は、輸入港渡《ゆにゅうこうわた》しで一トン当たり一万二二八〇円なのに対して、国内炭の方は二万一二九〇円である（昭和五五年一月時点の通関統計による）。日本の石炭は九〇一〇円も割高なのだ。誰が考えてもこれでは太刀打《たちう》ちできたものではない。基本的な生産コストの違いから、格差はさらに拡大傾向にある。石炭価格については、また後に比較検討することにしよう。

第9章　一九六五年の北炭ガス爆発事故の裁判記録から

■北炭ガス爆発事故裁判の判決

私の机の上に二つの資料がある。一つは昭和四〇年（一九六五年）二月に夕張《ゆうばり》で起きた北炭ガス爆発事故に関する裁判の検察側の「冒頭陳述書《ぼうとうちんじゅつしょ》」で、加藤晴明検事が札幌地方裁判所にあてた一五〇ページに及ぶもの。もう一つは、この事件の「判決文」である。

判決文の方は一六二ページあり、「表」や災害現場の大きな「図面」も付いている。検察側の「冒頭陳述書」にも「炭鉱用語の解説集」や「坑内の模型」といったカラー写真が付いていて、この裁判が行政・司法の担当者にとっていかに難解であったかを物語っている。

加藤検事による公訴《こうそ》理由を要約すると次のようになる。

事故が起こった夕張炭鉱の炭層は、「六尺層《ろくしゃくそう》」（厚さ約二メートル）と、三〇センチから六〇センチの砂岩《さがん》や頁岩《けつがん》などの層の下にある「八尺層《はっしゃくそう》」（厚さ約二メートル四〇センチ）があって、その二層から同時に採炭していた。この採炭現場を「右二《みぎに》・六尺《ろくしゃく》ロング」と呼ぶ。そしてさらにその下には六メートルほどの合盤を挟んで「十尺層《じゅっしゃくそう》」がある。「六尺層」「八尺層」「十尺層」の三つの炭層が、全体として三〇度から四〇度の傾斜で埋まっている。また、「褶曲《しゅうきょく》（曲がりくねったところ）」などの変化も多く、地層は複雑である。

採炭ははじめ「六尺層」と「八尺層」の二層だけを一度に掘り進んでいたが、途中からさらに下の「十尺層」も掘り進むといった二段構えの掘進《くっしん》となった。ところが昭和三九年（一九六四年）八月五日頃に上段（六尺層）の採炭現場で「自然発火《しぜんはっか》」が発生したため、上段とともに下段（八尺層）の採炭も止めてしまった。その代わりに、ある程度の間を置いて、今までの方向とは反対に（つまり後ろ方向に）下段の「十尺層」だけを採炭して一応の区切りをつけた。

そして昭和四〇年（一九六五年）二月一日（事故は二月二二日）から、再び「六尺層」と「八尺層」を掘ることになり、自然発火で捨てた場所の坑道を挟んで反対側に切羽《きりは》を設けて「右三《みぎさん》・六尺《ろくしゃく》ロング」の採炭を始めた。また坑道を確保する都合から、放棄《ほうき》した「六尺層」と「八尺層」、つまり上段の最短で幅二〇メートル、長さ六〇メートルの石炭の壁を柱代わりに残したまま石炭を掘った後で、「カッペ（鉄の支柱）」を外して自然の力で天井を落として埋めるという方法をとった。

この炭鉱の地層は複雑なので、天井を自然にまかせて落としたとしても、まだ隙間《すきま》が残っている可能性があった。濃度の高いメタンガスがそこに充満している可能性がある。しかも具合の悪いことに、柱代わりに残した石炭の壁の真下の「十尺層」も採炭してしまい、ここも自然に任せて天井を落とすやり方で埋めたので、そうなると落ちた天井にも、またさらにその上にある石炭の大きな柱にも順にひびが入って、そのひびから上下に空気が流れ出し、充満したメタンガスと空気中の酸素が適当に混ざり合い、これに石炭の自然発火が火源《かげん》となって「ガス爆発」を起こしてしまったのではないかと考えられた。

そのうえ、この場所に連なる坑道をコンクリートで完全に密閉すればよかったのに、丸太積《まるたづ》みに粘土《ねんど》といった簡単なやり方しかしていなかった。これでは一度「ガス爆発」が起これば、広い範囲に被害を及ぼす結果となるのは当然であった。しかも事故発生の一〇日ほど前から、採掘跡の酸素が増加し、自然発火の兆しと見られる一酸化炭素が観測されていた。それなのに精密な調査もせず、一酸化炭素の増加は八月の自然発火の時のものだろうくらいに考えて措置《そち》を講《こう》じなかった。

さらに事故の一週間ほど前から一日に摂氏一度の割合で温度の上昇するところもあり、自然発火がいよいよ現実のものとなったと推定される状態にきていても何もしなかった。また、事故発生の日を含めて、その二日前から低気圧が通過し、坑内状況は一層切迫していた。気圧の変動で坑内はちょうど呼吸作用を強《し》いられる格好になっていて、メタンガスなどが押し出されてくることが予想された。

「こうした状況の時には、一時、鉱員などを入坑させないための措置を講じなければならない注意義務があるのに、漫然《まんぜん》と判断した結果、右の措置を怠《おこた》った過失《かしつ》により、六二人を死亡させ、一七人に一酸化炭素中毒などの傷害を負わせた」

というのが公訴の理由である。

■「そうとも考えられるし、そうでないとも考えられる」

昭和四〇年(一九六五年)二月の北炭夕張新鉱事故の訴訟をわかりやすく解説したつもりであるが、一読しただけではとてもわかりにくいと思う。爆発現象についての検察官の基本的な主張は次のとおりである。

「右払《はらい》跡内炭柱《たんちゅう》付近で石炭の自然発火を着火源とする小規模のガス爆発がまず起こり、その爆風によって払跡内にあった濃厚なメタンガスが右二入気坑道《みぎににゅうきこうどう》の密閉（コンクリートで完全に密閉すれば良かったのにと説明した箇所）付近から密閉外の同坑道に噴出し、これが入気《にゅうき》によって薄められて爆発限界（五パーセントないし一五パーセント）に達したところへ、その後から噴出してきた爆炎が追いつき、そこで新たな大規模の「ガス爆発」を起こし、これが本件致死傷の結果をもたらす直接の原因になった」（北炭ガス爆発等事件判決二二頁より転載）

「払《はらい》」とは採炭の現場（切羽）のことである。難解な公訴事実であるが、炭鉱についてはずぶの素人の判事や検察官が坑内の実情を研究し、ここまで問題を整理してまとめたその努力に私は感じ入った。この裁判では、「残炭柱《ざんたんちゅう》付近の自然発火説」が検察側の基本的な主張だった。東京大学伊木教授、北海道大学磯部教授、早稲田大学房村教授、そのほか多くの専門家の意見聴取は一九回にも及び、二年余りの審理が行なわれたが、原因はついにわからなかった。

札幌地方裁判所の渡部保夫裁判長は、「判決文」において、主文（二）にある「業務上過失致傷《ぎょうむじょうかしっちしょう》の訴因《そいん》について、被告人宮崎義一、同和田秀雄はいずれも無罪」とした理由を、各現象の状況を逐一《ちくいち》説明して裁判所としての見解を述べた後、

「そうとも考えられるし、そうでないとも考えられる」

と、多くの現場の状況から自己の判断基準を記している。以下断片的ではあるが、渡部裁判長の

感懐《かんかい》を見てみたい。

「本件各証拠を前提として爆発原因を自然発火と想定するためには、可能性の低い多くの条件を全て満たすという極めて稀《まれ》な事態を考えねばならなくなる」

つまり、一応筋《すじ》は通るが、それは可能性において非常に低いと言うのである。

これに対して検察側は、個々バラバラの証拠では確かに弱い点も出てくるが、それを総合的に判定した場合、そこに真実性が見出《みいだ》されてくるのであれば充分だとしている。

それに対して渡部裁判長は、

「鑑定人らが科学者としての立場から推定としてしか言えない時でも、その推定根拠に充分の理由があって、高度の蓋然性《がいぜんせい》を肯定し得《え》られる時には、刑事裁判の上で、断定《だんてい》とみなしてよい場合があることは当然であろう。しかし、本件の場合に両教授らが断定できないと供述しているのは、要するに爆発箇所からみて、他に爆発原因が見当たらない現状では、自然発火の疑いが最も強いが、さりとてその推論が正しいかどうか確認をするに足りるだけの積極的な証拠を得られないでいるということであって、やはり、本件間接事実が、まだ爆発原因を確実に推論されるほどの明確な輪郭《りんかく》をなすに至《いた》っていないことを示していると考えられるのである」

と述べ、最後に、

「いやしくも、罰則《ばっそく》を適用して刑罰《けいばつ》を科《か》するためには、その基礎となる理由、すなわち本件について言えば、本件爆発原因が自然発火であることについて合理的な疑いを入れない程度に明確な立証を要することは、他の一般刑事裁判の場合と変わりはないことを忘れるべきではない」

として、業務上の過失責任については「無罪」を言い渡している。弁護人たちが自然発火でなかったとする有力な証拠として挙げた「再爆発はなかった」という主張を、裁判所が採用した形になっている。

■経済と安全性の問題

渡部裁判官は言う。

「自然発火であれば、払跡《はらい》内に火源とメタンガスとが共にあり、（火の元を消さない限り火源は存在するし、濃度の高いメタンは一度爆発したことによってさらに隙間《すきま》が多くなって）より多くの通気の供給を受けて一層爆発しやすくなっていると考えられるのに、それが起こらなかったからである。右が大きな疑問点となっていることについては、各鑑定人もすべて異論はない」

そのほか、自然発火の兆候《ちょうこう》と見られる一酸化炭素や臭気《しゅうき》などの確認についても、そのことで直《ただ》ちに決定できない理由を数多く挙げている。そして結果としては無罪であったわけだが、判事自身も心残りの気持ちがあったようで、次のように述べている。

「そのことは直ちに当時被告人らが行なっていた密閉観測、坑内ガスの観測管理、その他の保安措置について何らの手落ちもなかったということまで含んでいる趣旨ではない」

「密閉でのガス分析が通常時には週一回程度で足りるとしても、（中略）機械的に週一回観測をしておれば、それで足りるというものではない筈であろう」

そしてどこまで措置を講じるべきかについて、こう提言している。

「技術者の知識経験において安全と判断される程度の措置が講じられていても、一旦事故が発生し、結果として、労働者の生命が失われてしまえば、炭坑における保安措置としては、失敗と評せざるを得ないのである。従って、このような危険と背中合わせの性質を持った保安の問題については、最低限のギリギリの線で考えてはならないのであり、予想以上の事態が発生した場合に備えてなお、次の歯止めを設けておくという位の措置が要求されて然るべきである」

これらの記述はいずれももっともなことばかりである。そして、こうした基本的な点をことさらに判決文の中で繰り返し述べている点から、刑事上の責任を負わせるほどの有力な証拠は見つからなかったものの、かなりずさんな保安体制と採炭方法を裁判官自身が感じていたと受け取れる。さらにまた、この災害が発端《ほったん》となって、無許可で坑道を掘ったり、事実通りの観測報告をしなかったりということで、北炭側が「鉱業法」違反と「鉱山保安法」違反に問われ、罰金に処せられた理由からもそのことがはっきりする。その点は後述するが、この判決で裁判官は判決理由の最後をこう結んでいる。

「同種事故の続発防止のため、この際、特に強調しておかねばならないことは、事故防止のためには罰則強化というような、形式的な対策だけでは不十分であって、事故原因の検討究明を行ない、必要ならば、いつでも罰則を適用するのに十分な明確な立証をなしうるだけの物的設備と、これを駆使しうる専門職の充実を図ることが、実戦的には、はるかに重要だということである。罰則をいくら強化しても、これを適用し得るだけの立証を検察側においてなしえないようでは罰則も殆どその効果がない。そして本件はまさに、そのような一場合であったと言って差し支えないであろう」

ここまでの判決文を読んできて感じることは、裁判官も私たちも結局は同じことを考えるに至ったということである。炭鉱事故の裁判は極めて証拠を捉《とら》えにくいことの背景には、保安についての基本理念がないままに、能率採炭だけが猛烈な勢いで進められてゆく現実があった。「経済大国日本」の持つ歪みを思わざるを得ないのである。

〝保安とは何か〟と改めて考えると、それは〝余裕〟ということになると私は思う。

「機械的に週一回観測をしておれば、それで足りるというものではない」

「最低限のギリギリの線で考えてはならないのであり、予想以上の事態が発生した場合に備えてなお、次の歯止めを設けておくという位の措置」

が必要――と裁判長が言っているのは、まさにそのことであろう。これは炭鉱以外の分野においても、さまざまな形であてはまることであろう。経済的に追い詰められた石炭産業にあっては、その「余裕のなさ」が一層むき出しの形で表われたのである。

■坑道の無許可設置

余裕のなさという点では、この事故がきっかけとなって「鉱業法」違反に問われた「右三《みぎさん》マザー卸《おろし》（沿《えん》層坑道《そうこうどう》）」の無許可設置も、「鉱山保安法」違反に問われた観測データの虚偽《きょぎ》の報告も、根《ね》は同じである。

骨格となる坑道を掘る場合は、炭鉱会社はあらかじめ通産省の地元の出先機関の許可を受けなければならないことになっている。災害を起こしたこの鉱区《こうく》も、はじめは「右三片坑道《みぎさんかたこうどう》（岩石坑道）」を開設してこれを主要坑道として採炭するということで札幌通産局長の認可を受けていた。ところが、「認可された施業案通りの「右三片坑道（岩石坑道）」を掘進していたのでは、「右三・六尺ロング」の採炭が遅れるとの理由」（「冒頭陳述書」）から「沿層坑道」といって、いきなり炭層の中に坑道を掘って主要入気や運搬坑道として使用し、「右三・六尺ロング」の採炭をしてしまっていたのである。

岩石坑道を作れば沿層坑道より安全性が高いのは当然である。しかし、岩石坑道が標準の一六平方メートルの断面で一メートル掘進するのに昭和四〇年（一九六五年）当時の金で約一〇万円もかかるのに対して、沿層坑道では二分の一から三分の一の経費ですむ。当時の金額にして三万円から四万円というのが相場であると言われた。しかも岩石坑道ではズリしか出ないが、沿層坑道では炭層の中を掘り進むのであるから、手間も楽ならば、トンネルを掘りながら同時に採炭もできる（つまり「掘進採炭」ができる）。


沿層坑道もしかるべき手当をして保安設備をすれば違反にはならないが、この事件の場合は、「右三片坑道」という岩石坑道を作って、それを基幹にして別の坑道を掘って採炭するという条件で認可されたのであって、保安上この方が望ましいと札幌通産局が特に定めたからに他ならない。それを岩石坑道によらず沿層坑道を掘ってしまった。

「生産に追われて余裕が持てなかった」

「つまり安全をおろそかにした」

と言われても仕方がないのである。

会社は事故を起こす前年の昭和三九年（一九六四年）八月五日の自然発火を契機に、これまで採炭していた二つの現場を失うという痛手があって、時間と金のかかる岩石坑道が延びるまで待てなかったのだと噂された。大手企業の北炭にしてこのような現実の上に採炭しているのである。しかも「右三片坑道（岩石坑道）」が伸びないうちに、いわば闇《やみ》の坑道（「右三マザー卸」）を掘った結果、その奥に作られた切羽《きりは》（「右二・六尺ロング」）からだと、前年の自然発火で捨てた現場付近を人が通らなければ出られないという危険な状況になってしまった。そして事実、その奥で大量の犠牲者を出してしまったのである。

もっとも、それ以前に岩石坑道が延びていたとして、果たして、これらの犠牲者が全部救われていたかというと、それはにわかには判断できない——という事情もあるにはある。しかし、岩石坑道を使って採炭していたとすれば、この大災害自体を起こさないですんだかもしれない。少なくとも何人かは逃げられたであろうという推論も成り立つのである。放っておけば、採算を先行して迷路のように掘ってしまうかもしれない坑道に、一定の秩序を与えて、保安を確保しようとするこの種の法の精神から言っても、残念なことであった。

■会社側の滑稽な主張

結局、この裁判では、この無認可施業《むにんかしぎょう》に対する責任で夕張鉱業所長の池盛秀被告人に罰金三万円が課せられたに過ぎない（鉱業法一九二条一号、六三条四項適用）。これとても、もしガス爆発が起こらず、多くの犠牲者も出なかったとすれば、ごく当たり前の経営技術として罷《まか》り通ってしまったはずである。

ところで、この認可の問題については、裁判において北炭の宮崎義一次長が札幌に出向いた時に「役所に口頭で了解を得てきた」と主張したことに対して、判決文が述べていることが、実に滑稽《こっけい》である。「施業案の変更についての認可を得るには、「鉱業法六三条二項」が規定しているうちに、省令の定めるところにより変更の趣旨、理由を明確にした書面を提出して行なうべきであり、単なる口頭で、しかも、他のついでに変更についての了解を得るというようなことで間に合わせて良い事柄とは思われない。（中略）また宮崎次長が監督局に出頭した主たる要件が、被告会社の同年八月の自然発火の報告が遅延したことについて叱責《しっせき》を受け、かつ以降の対策について指示を受けることであったのを見れば（後略）」

とにかく、安全対策について叱《しか》られに行ったのに、その中で闇坑道《やみこうどう》の話が出て、それを監督局が認可するなどどう考えたっておかしいではないか、とつっぱねられているのである。だれが聞いてもおかしな話である。

おかしな話と言えば、「鉱山保安法」に問われた一酸化炭素の〝虚偽《きょぎ》の申告《しんこく》〟などはその最たるものである。

「来坑《らいこう》した夕張鉱山保安監督署長から、自然発火（前年八月五日の自然発火を指す）の方に影響がある場合は、再び中止されたい旨《むね》の条件付許可を受けていたため、一酸化炭素の真実の分析値を報告して、自然発火が進行拡大していると判断されて、再度中止の指示を受けて営業に差《さ》し支《つか》えることを予測し、また自然発火が消火の方向に向かわない原因についての調査を受けることなどの煩《わずら》わしさを避《さ》けたいとの理由から、八月下旬ころ、夕張鉱業所第一砿対策本部において、意思相通《いしあいつう》じて、八月二五日から九月二一日までの間、八回にわたって、右期間内の一酸化炭素分析値がトレス（〇・〇〇一パーセント以下の意味）または〇である旨報告」（「冒頭陳述書」）

したのである。この期間の真実の分析値は最高〇・一八五パーセント（八月三一日）から最低〇・〇一パーセント（八月二五日）という数値で、最低でも申告したトレスの一〇倍もあったのである。この点についての釈明がさらにひどい。

「弁護人らは、被告人らにおいて、一酸化炭素の実際の分析値をそのまま報告した場合、当時の現場の諸状況の認識に疎《うと》い監督官らに不要な誤解を招く恐れがあると思われたので、八月一一日の包囲密閉完了直前の風量《ふうりょう》(毎分約四〇〇立方メートル)をもとにして、一酸化炭素の量を濃度に換算して報告したもので、ことさらに事実をゆがめて虚偽報告をしようとする意思はなく、むしろ実情に応じた報告をしようとしたものであるから、本件訴因については犯意《はんい》を欠き犯罪は成立しないと主張している」(「判決文」)

役所の規定通り報告した場合、お役人が不要な誤解をしそうなので、こちらで実情に合った判断を加えたのだと言うのである。ここまで大手の石炭産業に馬鹿《ばか》にされているお役所というのも珍しいのではあるまいか。

これに対する裁判官の見解は次のとおりである。

「弁護人らの主張のように、監督官側に不必要な誤解《ごかい》を与えることを避けたいというのであったならば、事実をそのまま報告したうえで、監督局に事情を説明して誤解を抱《いだ》かれることのないよう努めるべきであるのに、何らそのような措置をとっていない。

八月二五日以降、再び一酸化炭素の分析値が増加し始めたため、会社としても現実に同所付近の密閉対策を強化し、第二次密閉を構築している事実が認められ、このことからすれば二五日以降の一酸化炭素の分析値の増加は、会社としても無視できないものであったと認められる。

以上によれば、被告人らの前記弁解《べんかい》は、これをどのように理解するにしても、本件虚偽報告の罪を逃れるべき理由とすることはできない」
子どもが親に弁解にならない弁解をして、かえって叱られてしまったようなものではないか。それぞれ一家の大黒柱《だいこくばしら》として身ひとつで働いてきた六二人の生命が、こんな経営感覚の人たちにゆだねられて犠牲になったのであれば、死んだ者こそ浮かばれない。

■軽い会社側の責任

この虚偽の申告に対して、保安業務の総括管理者の宮崎義一被告と、保安課長の森弘被告は、わずかに罰金五万円ですんでいる。いずれも「鉱山保安法五七条三号、二八条」「石炭鉱山保安規則六八条一項一号、二項」「刑法六〇条」にそれぞれ該当するということになっている。庶民《しょみん》感覚からすれば、まるで罪《つみ》にならなかったと同じではないか。

会社の責任はもっと軽い。もちろん、死傷した者に対する補償《ほしょう》は大きいだろうが、判決で言い渡された罰金《ばっきん》は、「鉱業法一九四条本文」「鉱山保安法五八条」「刑法五四条前段、四八条二項」を根拠として、たったの八万円である。罰金は財産的に苦痛を与えることによって被告の反省をうながそうとするものだということは誰もが知っている。資本金七〇億二二〇七万円の北海道炭砿汽船《ほっかいどうたんこうきせん》株式会社に与えられたこの罰《ばつ》が財産的な苦痛になるのだろうか。法律的には正しくても、一般常識では到底理解できるものではあるまい。単なる手続き上の違反と思うかもしれないが、万一、この災害の原因がわかって、それが何らかの形で〝闇坑道〟と結びつき、あるいは〝虚偽の申告〟と関係を持っていたとすれば、それこそ重大なことになったはずである。この事件の場合はそれが証明されないのである。

その後、昭和五六年（一九八一年）一〇月に北炭夕張はこの事故をさらに上回る大惨事を起こすのだが、その一六年前の裁判での反省が、どこまで生かされていたのか。そう思うのは私ばかりではあるまい。

■冒頭陳述書の中の疑問点

北炭の災害に関する裁判については以上としたい。繰り返し述べているが、地底で起きる炭鉱災害は事故原因の特定や責任のありかを追及することが難しい。また、炭鉱関係者以外がいない場所で起こる炭鉱災害には第三者が割り込む余地もない。だからと言って、炭鉱事故がすべて会社側の不正が原因だと言っているのでは決してない。しかし、採炭をする者、保安に携《たずさ》わる者、指揮《しき》をする者、指揮を受ける者、データを取る者、データを報告する者……。それらがみな同じ会社の人間である以上、そこには炭鉱《やま》という地域社会の複雑で微妙な感情が流れていることは確かだ。また、石炭はひとからといえども一人では掘り出せない。組織があって初めて成り立つ仕事である。しかも日本の組織というものは、上から下への命令や伝達は早く流れても、下から上への流れは上手《うま》くいかないという傾向が伝統的にある。そのことは、「冒頭陳述書」に書かれている、この事故で死んだ平泉保安係員によるわずか四行の記録が示している。

「昭和四〇年一月二八日から同年二月中旬頃までの間、二番方の観測員平泉馨が右二排気坑道の一目《いちめ》抜《ぬき》から八目抜《はちめぬき》の密閉に「臭気」を感知した旨記載して、保安主任、最上区係長、一鉱生産課長とに報告していた」

これに対する「判決文」の説明は次のとおりである。

「一目抜ないし八目抜においては、同人がこれらの密閉の観測を担当するようになった数日後から臭気ありとの記載が激増し、特に二月一日から一一日の間は、これら八個の目抜《めぬき》において殆《ほと》んど連続して臭気が感知されたのに、一六日以降は一転して、全く消失したかのごとき記載となっている。突然臭気無しとの記載に変わったことに不審がもたれるが、それは同係員の右記載に疑問をいだいた上司のHらのベテラン係員が、同目抜で直接観測し、右は古洞臭《こどうしゅう》であって、いわゆる自然発火ではなくて、そのような臭気は前記自然発火処理簿にいう「臭気あり」には該らないと注意したことによるものであるとされている」(証人H・昭和四四年三月一一日公判三三七問答、同年八月二六日公判、傍点は末)

「このことから、ベテラン係員の経験を信頼して、臭気はなかったと判断することもできるが、逆に臭気という極めて個人差の生じやすい曖昧《あいまい》な性質のものについては、果たして直ちにそのように言えるかも疑問であり、また平泉係員が真に納得していたのかどうかも、同人が本件事故により死亡した現在では確かめようがない」

この裁判の中で、私がもっとも興味を持ったのは、実はこの部分であった。「冒頭陳述書」の平泉係員による記録は、わずか四行であるが、これが妙《みょう》に心に引っかかった。そしてこの「判決文」を読んで一層興味を持った。結論から言えば、「死人《しにん》に口《くち》なし」である。無責任な発言は慎《つつし》みたいが、この判決文を読むだけでも、いくつかの疑問に突き当たる。

■臭気問題

判決文の順を追って私の引っかかりについて考えてみる。まず平泉係員が担当になった直後から「臭気あり」の記載がそれ以前に比べて激増したのはなぜか。そして連日のように「臭気あり」と記載していた平泉係員の記載が急に「臭気なし」に転じているのはなぜか。判決文では上司のベテラン係員と称される人物が現れ、

「こんな臭気は自然発火の臭気ではないのだからやめろ」

と注意をしたと書かれている。その注意の仕方がどんな感じであったのかは一つの重要なポイントだと思われるが、この記録からはその時のやりとりのニュアンスまでは伝わってこない。その注意を受けた平泉係員が果たしてどんな表情をしたのかもわからない。わかっていることは、平泉係員がその後自説を引っ込めてにわかに「臭気なし」と書き始めたことだけである。

この内容についてはどうとでも解釈できる。しかし裁判官も言う通り、

「極めて個人差の生じやすい曖昧な性質のものについては、果たして直ちに（ベテラン係員の経験を信頼して、臭気はなかったと）そのように言えるかも疑問」

という考え方に私も同感である。まして相手は上役である。いずれは上役による直接観測のあることを当然期待して、またそのようなことを予測して、平泉係員は自然発火処理簿に「臭気あり」と書いてきたに違いない。そしてこの「処理簿」こそ、下から上への情報伝達の唯一の正式文書なのである。その唯一の正式文書に、何人かの部下を持つ平泉係員が、いい加減な気持ちで、しつこいほどに毎日毎日記入したかどうか。目下《めした》の人間の気持ちになって考えてみたいと思う。上に向かって特に反発できない炭鉱の男たちの一般的な性格から言っても、平泉係員は相当の自信と重大な決心を持って記述していたと私は思うのである。

その次が一番の問題である。現場に現れた上司が、

「これは古洞臭であって自然発火に関係がない」

と言った。公害問題がやかましく言われている今日でも、臭気ほど〝決め手〟に欠くものはないとされている。つまり臭気はおよそ科学的な分析になじみにくいものだからである。それを上司に断定的に、

「これは自然発火と無関係だから処理簿になんか書く必要はない」

と言われれば、下役の平泉係員が否定できるわけがない。せいぜい自分の過去の経験を説明するぐらいだろうし、それを説明したとして相手が納得しなければそれまでの話である。しかも、自分の意見を通せば、採炭という会社にとって最も重大な仕事のペースを時として落とさざるを得ないということになる。同じ臭いをかいだ二人の人間の間にあるのは、臭覚の個人差と同時に、それぞれの立場の相違である。

しかし私は思うのだが、臭気についての記述を求められている以上、個人の感じたことを素直に書くのが当たり前だと思う。そのためのリポートを求めているのだから、少なくとも自分が感じている間は何日でも書くべきであり、会社がそれをどう判断してどう処置をするかはまた別の問題である。

少なくとも、

「この臭気は書く必要がない」

と言った「ベテラン」という係員の神経を疑ってやまない。しかも「ベテラン」という言葉の解釈にも問題がある。

■死亡したベテラン係員

実は亡くなった平泉馨は五四歳の炭鉱員であった。一五歳の時から入坑しているというから事故当時は三九年という驚くべきキャリアである。しかも会社が任命した下からの叩き上げのれっきとした保安係員である。それも第二次世界大戦以前からの係員と聞く。係員というのは、いわゆる炭鉱員ではなくて会社の職員である。したがって、組合も「炭労《たんろう》」には属さず「職員組合《しょくいんくみあい》」に属す。

一方、注意を与えた上司の係員は戦後入社した職員であり、国立大学で鉱山関係の勉強をしてきたいわばエリート社員である。

「古洞臭《こどうしゅう》」とは、読んで字のごとく、現在は使われていない昔の坑道で感ずるカビくさい臭いである。それが自然発火と関係するとすれば、坑木《こうぼく》などの焦《こ》げる臭いも混じるであろうから、カビくささと焦げくささの入り混じったような臭いになるようで、その燃焼の具合によってカビくささが強かったり、逆に焦げくささが強かったりで、単なる「古洞臭」なのか、それとも「自然発火が加わった臭気」なのかを断定することは極めて難しい。

判決文はこの平泉係員の記録の件についてこう断定している。

「臭気ありとの同係員[平泉係員を指す]の記載には、前後バラバラで脈絡のない点が認められることも事実であり、このような事実を考え合わせると、平泉係員は密閉観測の経験が少なく、いわゆる自然発火臭と単なる古洞臭を区別できなかったものとする前記証人Hの供述を信用して差し支えないように考えられる」

「前後バラバラで脈絡のない点」を裁判官が具体的にどこで判断したのか。これも判決文だけではわからないが、とにかくこのような事実を考え合わせると、平泉係員よりH係員の方がベテランであった、と裁判所も判断をしている節《ふし》がある。

当時は五五歳が定年であった。その一年手前の職員をつかまえて「君はまだベテランではない」と言って果たして通用する世界が炭鉱以外のどこの企業にあるだろうか。確かに炭鉱は機械化も進んで、仕事の環境も手順も昔と大きく変わった。だがそれによって、こと「古洞臭」などという臭いまでが変わってしまうとは思われない。それどころか、炭鉱の男たちに言わせれば、密閉のやり方だって昔と特に変わった部分など見当たらない。こうした作業や観測こそ、長年の経験や勘がものをいう場はないというのである。確かに裁判所の言う通り、この平泉係員の記録だけで、被告人に「いやしくも罰則を適用して、刑罰を科する基礎的な理由」にはならないであろう。しかし、古洞臭という科学的にも説明しにくい問題を突き付けられ、三九年のキャリアをベテランと認められずに死んでいった平泉馨さんが、この判決を聞いたとしたらどう思うだろうか。

判決文を読んでから、私は平泉係員の周囲の人間を訪ねて歩いた。聞くところによると彼は極めて温厚、真面目な人柄《ひとがら》であったらしい。他人との諍《いさか》いも聞いたことがないという。また、家では仕事のこともまったく話さなかった人だったらしい。その彼が、

「ガスの多い炭鉱《やま》だから、今度何かあったら助からないだろう」

とだけ周囲の者に漏《も》らしていたという。「ガスの多い炭鉱《やま》」というのは、夕張の一つの特徴のように聞いている。

「今度何かあったら……」

現実は彼の予想通りになった。記録に残された受傷の状況によれば、「右三・六尺ロング」上添で倒れていた彼は、

「頭部、顔面の広範な火傷により表皮剥離《ひょうひはくり》、左前額《ひだりぜんがく》より左側頭《ひだりそくとう》にかけ頭蓋骨骨折《ずがいこつこっせつ》をともなう挫滅創《ざめつそう》、左前腕骨折《ひだりぜんわんこっせつ》」

を負った。そして死因は「頭蓋骨骨折と一酸化炭素中毒による窒息《ちっそく》」という悲惨なものであった。

知り合いの判事が、

「裁判所というところは、判事の机の上に、醜《みにく》いもの、汚《きたな》いものを何でも吐《は》き出してのせて見るところだよ」

と言ったことがある。上手《うま》い表現だと今でもそれを思い出す

平泉係員については、彼が短歌をやっていたと後に聞いた。彼はどんな歌を詠《よ》んで自分を慰《なぐさ》めることができただろうか。

■大資本の本音

今回の裁判で明らかになった企業と個人の姿をこの「判決文」の中からもう一つ拾ってみるならば、それは鉱業所の最高責任者である池被告の被害者に対する〝大資本の本音〟である。

「弁護人らは、被告会社としては、その業務に関し、従業員により鉱業法違反行為などを犯《おか》されることがないよう平素《へいそ》から十分な配慮《はいりょ》を尽くしてきたもので、本件においても被告人池を夕張鉱業所の所長を選任する際、当時の学歴、入社後の職歴、人格、能力などを総合勘案《そうごうかんあん》し、最適任者《さいてきにんしゃ》との評価を下

してその選任を行なったばかりでなく、被告人池が鉱業代理人として行う施業案《しぎょうあん》の申請や同鉱業所で行う生産計画の立案とその実施についても、それぞれ本社の生産部長、保安部長その他の組織を通じて厳重な監督を行なうなどしてきたものであり、本件右三《みぎさん》マザー卸《おろし》(つまり闇坑道を指す)の掘進などについても被告会社の本社自体、被告人池について述べた通りの事情を考慮して、施業案に違反しないものと信じていたものであるから、鉱業法一九四条但《ただ》し書きにより、被告会社については罰則の適用がなく無罪とされるべきである」

と主張している。所長が事のついでに口頭で闇坑道を掘る約束をしたと逃げれば、会社はそんな所長を任命した覚えはないと突っぱねて見せる。

これに対する裁判所の判断は次のとおりである。

「弁護人らは、被告人池を夕張鉱業所の所長及び鉱業代理人に任命するについて、その学歴、入社後の職歴、能力等を考慮して最適任者と考えて選任したとか(中略)そのような一般的な業務体制や代理人の選任などは当然のことであって、これらについて被告会社に不注意や疎漏《そろう》の点がなかったということだけで、鉱業法一九四条但書の適用を受けうるものではないことは言うまでもない」

にべもなく突っぱねているのである。恥ずかしい話である。所長が果たして独断で闇坑道を掘ったかどうか。もしそうだとして、会社独自でそれをチェックして、所長に闇坑道を掘るのを止めさせることができたかどうか。裁判所での会社側弁護人の陳述《ちんじゅつ》などを見ていると、どうもそらぞらしい感じがしてならない。この裁判はこうした責任を、当事者たちが取れなかったから問題になっているのである。

第９表　事故死をとりまく炭鉱労働者の環境

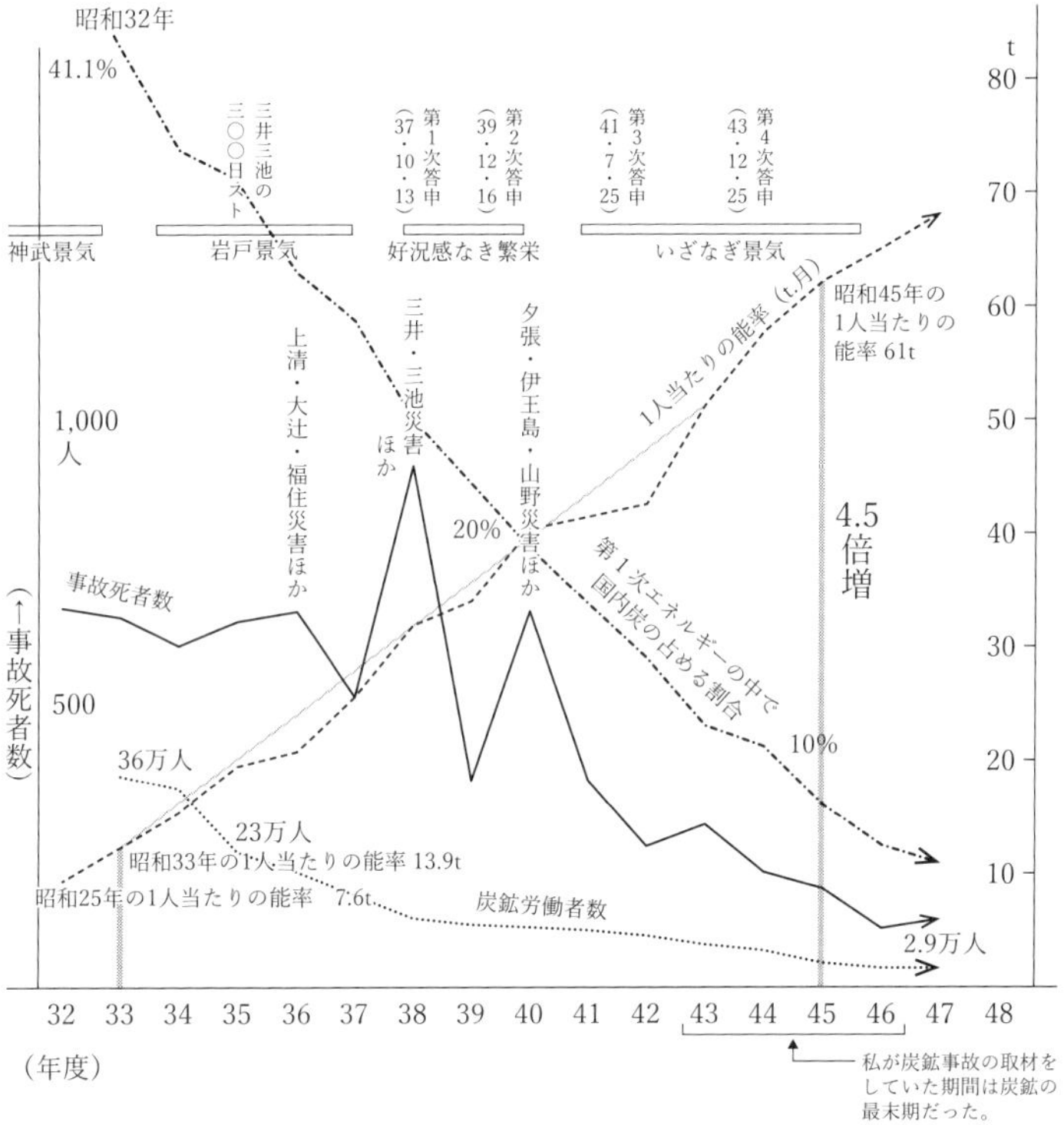

＊日本の炭鉱労働者数は昭和23年の534,185人をピークに減少の一途をたどる

北炭夕張鉱業所と言えば、石炭斜陽時代になっても、日本の採炭現場のチャンピオンであった。社長なら地元夕張市では市長をもしのぐ最高の地位と言っていいだろう。その所長にして、東京の本社から見ればこの程度の扱いにされてしまうのかと、改めて大資本の大きさを思う。このあたりの裁判記録はそうした空気を知る意味でも興味深い。

■営利企業と個人の関係

六二人の犠牲者を出した昭和四〇年(一九六五年)二月の「北炭ガス爆発事故」が事件としてどういう形で決着を迎えたかおわかりいただけたと思う。「義務」という形で上からの命令が行き届いているのに比べて、「責任」という形で、下から上への連絡がまったくないという、石炭産業の情報伝達系統のまずさによって起こるべくして起きた事故であった。疑問と不安を持ちながら、それでも家族を支えるために命を懸《か》けて入坑してゆく現場の者に比べて、地上の驚くべき無責任ぶりが裁判で明らかになったということである。企業が安定していれば、そうした〝事《こと》なかれ主義〟も有効かもしれないが、そのことによってたまりにたまった〝垢《あか》〟は、結局は経営の体質を弱め、一度経営が傾けば救いようのない病根《びょうこん》となって崩壊へ向かう。歴史的に見て、ときどきの政治からあまりにも保護を受けてきた企業というものは、それだけ脆弱《ぜいじゃく》で、中小零細企業の経営者にはとても考えられない言動までも飛び出して罷《まか》り通るものらしい。北炭ガス爆発事故の判決はそれを教えている。

余談になるが、昭和五七年(一九八二年)二月九日に起きて二四人が死亡した日航機墜落事故の原因は、機長の病気が原因とされた。墜落の前日、同じ機長がアクロバットに近い異常旋回《いじょうせんかい》をしたりして、同乗の副操縦士が機体の立て直しを図った事実があるという。ところがそれがその時点までは会社に報告されていなかった。機長の様子が事前に報告されて適切な措置がとられていれば、大惨事は起こらなかったであろう。そのようなことを自由に報告できる雰囲気が日本航空の中にあったかどうか。平泉係員の「臭気あり」の報告を読みながら、ふとそんなことを考えてしまうのである。

第10章　石炭産業の衰退

■海外炭との価格の差

どんなに偉そうなことを言っても、掘らなければ駄目なのだ――と石炭産業に携《たずさ》わるものは口を揃えて言う。労働組合も例外ではない。鼻から耳から首筋《くびすじ》まで炭塵《たんじん》をかぶって掘り出した原料炭《げんりょうたん》は、茂尻《もじり》や歌志内《うたしない》など北海道で事故が続発した昭和四四年(一九六九年)当時の生産価格でトン当たり五八三五円であった。それに対して、その時北海道沖に停泊していた船に積まれたほとんど同質のオーストラリア産の原料炭が、船賃《ふなちん》その他の経費をすっかり入れて四八七一円であった。差し引き九六四円の開きがあったというのだから、掘るのが嫌になって当たり前である。

国内原料炭を一番安く手に入れられる九州でさえ八四四円の価格の差がある。手近に産地を持たない中京地区では最高一九七九円の差があった。関東の京浜港《けいひんこう》の値段の差は一〇二八円。円高《えんだか》の為替差《かわせさ》益《えき》も手伝って、一〇年後の昭和五四年(一九七九年)には八〇五〇円。翌昭和五五年には九〇〇〇円台に達してしまった（第10表）。

この価格の差に国内炭は完全に息《いき》の根《ね》を止められてしまった。それ以後は政府の価格保証の中でようやく命脈《めいみゃく》を保っている今日の石炭産業が、量産によって少しでも利益をあげたいと考えるのは当然である。「偉そうなことを言っても、掘らなければ駄目」なのである。

日本の石炭生産が最高値に達した昭和三五年（一九六〇年）当時の輸入原料炭はたかだか一二〇〇万トンと、国内生産量の五分の一程度であった。それが、九年後の昭和四四年（一九六九年）には互角《ごかく》に

第10表　石炭価格の値差の推移

（単位：円）

項目／年度（昭和）	原料炭			為替レート（円／US $）
	国内	輸入	値差	
35	6,050	5,018	1,032	
36	5,800	5,076	724	
37	5,500	4,993	507	
38	5,264	4,741	523	
39	5,288	4,576	712	
40	5,500	4,831	669	
41	5,486	4,648	838	
42	5,495	4,633	862	
43	5,553	4,565	988	
44	5,784	4,756	1,028	
45	6,228	5,317	911	
46	6,647	5,232	1,415	
47	6,924	5,059	1,865	
48	7,560	5,830	1,730	
49	11,340	9,030	2,310	291.76
50	14,930	12,610	2,320	299.07
51	17,210	13,880	3,330	292.35
52	19,060	13,030	6,030	256.53
53	19,550	10,730	8,820	201.43
54	19,760	11,710	8,050	228.50
55	21,290	12,280	9,010	218.67
56	22,660	14,970	7,690	

［関東・京浜港CIFベース、6,000 cal/kg
基準単価：豪州弱粘炭との比較］

第11表　国内炭に対する外国炭の輸入量の推移

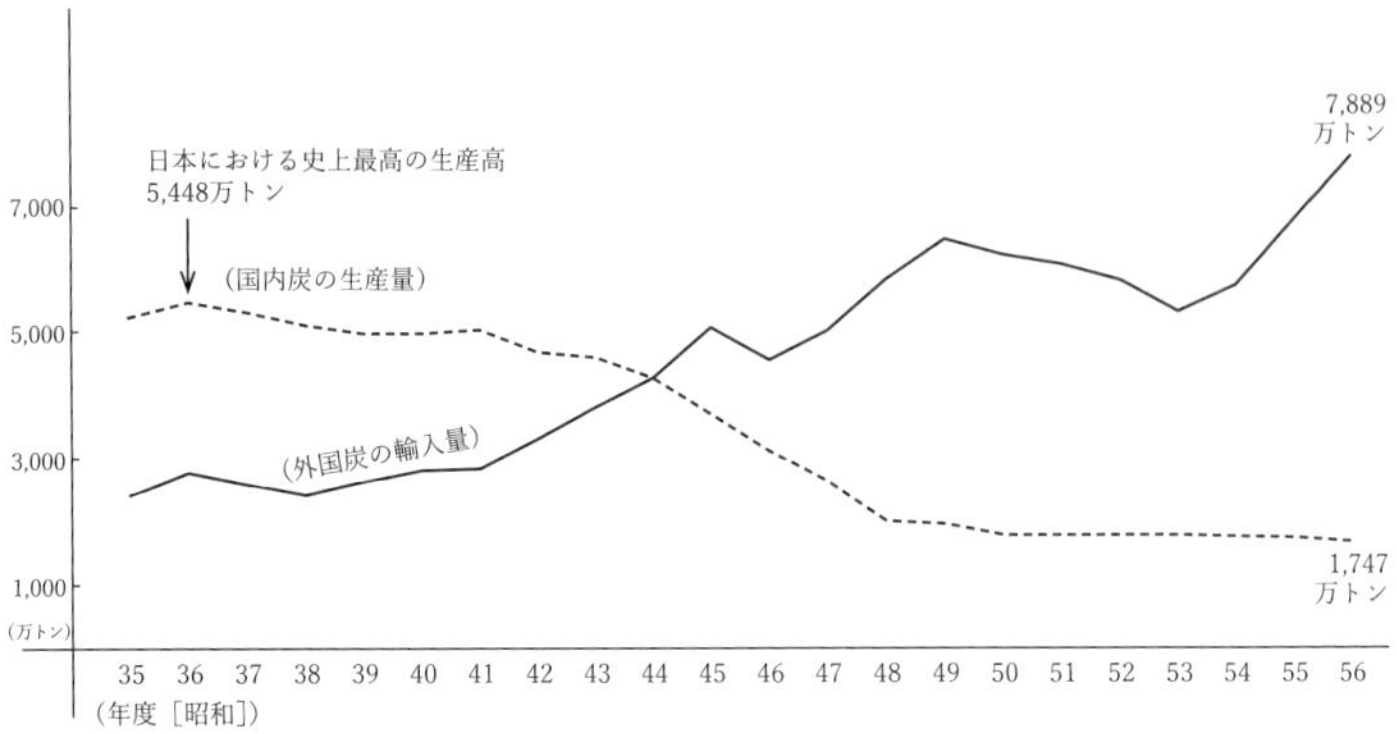

並び、翌昭和四五年（一九七〇年）には一般炭・原料炭のすべてを合わせた国内の総産出量に一〇〇〇万トン余りの差をつけて完全に逆転してしまったのである（第11表）。以降、輸入炭の独走態勢が続く。

■一般炭の輸入

さらに注目すべきは、原料炭ばかりではなく、昭和四九年（一九七四年）から一般炭の輸入も始まったことだ。これにより、国内炭が第一次エネルギーを構成する割合は、昭和四四年（一九六九年）からわずか一〇年で、一〇・五パーセントから二・九七パーセントまで下落してしまった。その二〇年前の昭和三五年（一九六〇年）当時の三四・三パーセントと比べると、実に一〇分の一以下であることを考えると、今昔《こんじゃく》の感にとらわれる（第12表）。「石炭産業はもう大企業ではないのだよ」と言った知人の言葉が頭をよぎる。

昭和五六年（一九八一年）一一月に出された資源エネルギー庁の「石炭関係資料集」によれば、日本のエネルギー

第12表　日本の第1次エネルギーの中で国内炭の構成する割合の推移

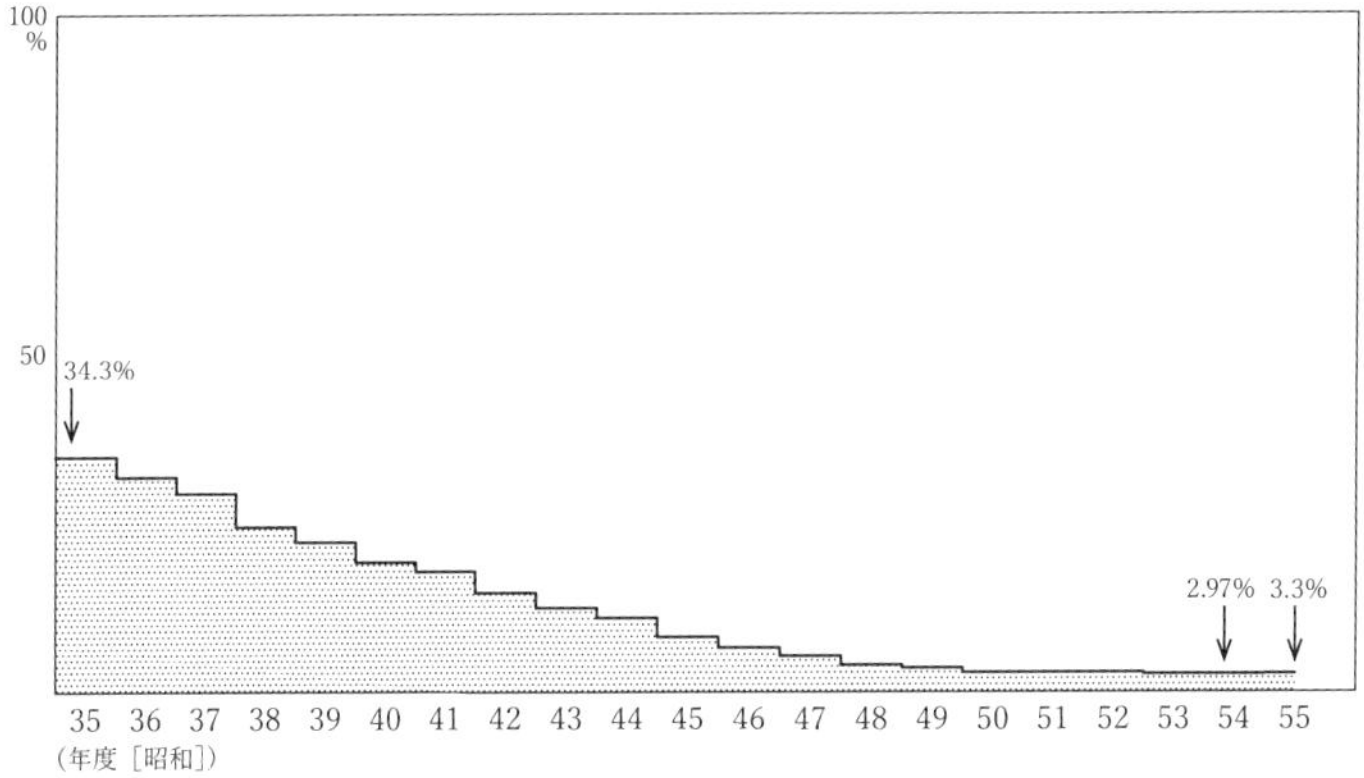

事情の中での国内炭の位置づけ（予想値）は、昭和六五年（一九九〇年）度で二パーセント、昭和七〇年（一九九五年）度ではさらに減ってわずかに一・八パーセントと、地熱発電と同じ程度の期待しか持たれていない。石油の依存度を下げようとするこの見通しの中でさえ、国内炭の復活はもう見込まれていないのである（第13表・第14表）。

　炭価から見れば、話はこれですっかり終わりである。石炭が、加工され二次製品となって利潤《りじゅん》を上げ得る製品ならば、採炭部門の赤字を二次製品の加工代で補《おぎな》うこともできるだろう。しかし、石炭はあくまでも石炭であって、正確には「石炭を生産する」という言葉はあたらない。石炭はあくまで掘り出されっ放しのものである。つまり「生産される」ものではなく「採炭される」ものなのである。もしこれが「山元発電《やまもとはつでん》」（炭鉱近くに火力発電所を設置し石炭をエネルギー源とする発電）が許されて電力業まで兼ねられるならまた話は別だが、電力には電力業界内の縄張《なわば》りがある。また、電力会社は石炭産業にとって一般炭を定期的に買ってくれる大口顧客《おおぐちこきゃく》なのである。それがなければ、

第13表　石炭産業の変遷（通産省・エネルギー統計年表より）

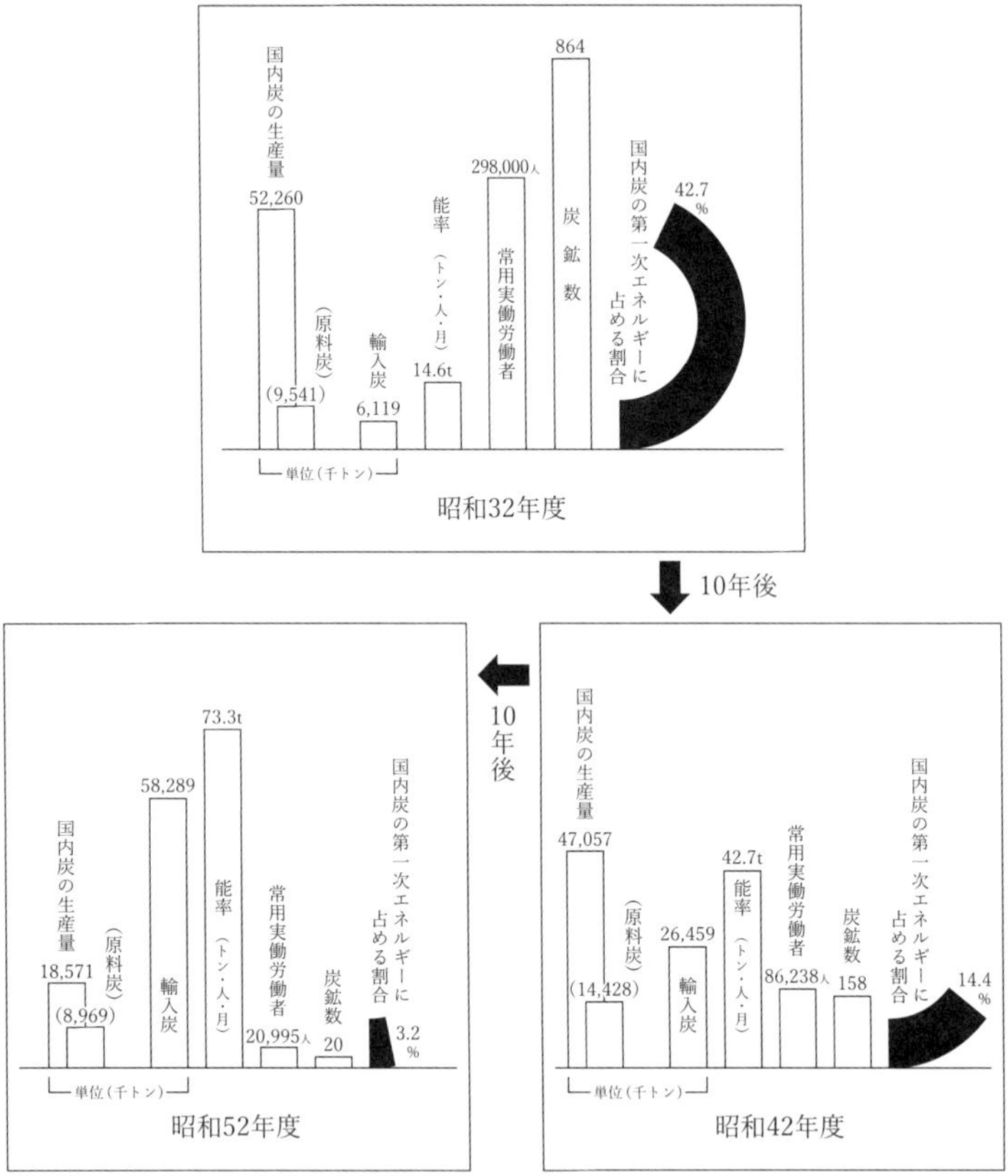

第14表　日本第１次のエネルギーの構成

昭和54年8月28日〔資源エネルギー庁〕

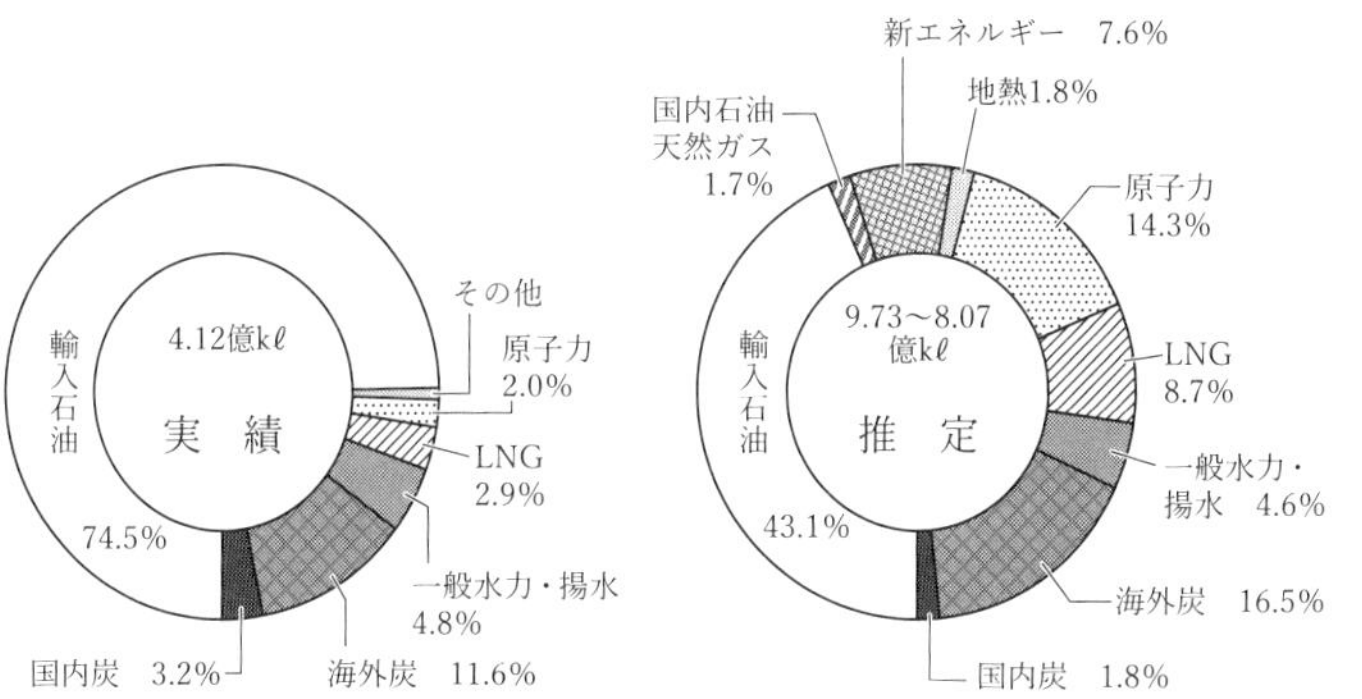

昭和52年度　　　　昭和70年度

とうに一般炭の命脈は尽きている。

産炭地の列車でさえ機関車《きかんしゃ》から電車《でんしゃ》となり、北海道の石炭ストーブも石油ストーブにとって代わられた。石油ショック以来、石炭見直し論も出たが、石炭がもとの需要量がもとに戻るということは誰も考えなかっただろう。

■鉄鋼の原料としての需要

ところで一般炭は別としても、鉄鋼《てっこう》生産《せいさん》用に使われる原料炭はまだ多少の希望が持てると言われていた。国内原料炭の性質が海外炭より優れた点があるからである。だから少々割高となっても一定の割合、国内炭は必要だという意見があった。日本の鉄鋼業が必要とする原料炭は、全原料炭の二〇パーセント以上だとも言われた（鉄鋼連盟の資料から）。必要原料炭を全原料炭の二〇パーセント以上、すなわち七〇〇万トン以上と想定すれば、国内鉄鋼業用に約一〇〇〇万トン以上は確保しておく必要があろう。ちなみに、昭和五四年（一九七九年）度の国内原料炭の生産量は七六六万トンであるから、現状だけは楽に維持できている。

川崎製鉄《かわさきせいてつ》千葉工場の山根孝さんに現場の感覚を聞いてみた。山根さんはコークス課のエンジニアである。

「つまり、この工場で外国産八〇パーセントに対して二〇パーセント程度の国内炭をぶち込んでいるかということですな。ものにもよるが、まあそんなところでしょう」

と話は早い。その上で山根さんは、

「それが絶対に必要かと問われれば、現在ではまあまあということになります。少々下回ってもいいかな。とにかくそんなところでしょう。でもヨーロッパではヨーロッパなりに、アメリカではアメリカなりに、それぞれ自分のところの石炭を使っている。だから日本にまるで原料炭が出ないとしたら、それはそれなりにやっていくでしょうね。それが経済的かどうかとなると話は別になるが、作る気になれば立派に作れる。ただ、昔から国内原料炭があったからそれをベースに考えてきた。そのベースが崩れたとなれば、今流行《はや》りのリニアプログラミング（LP、線型計画法）でコンピューターを使って配合の割合を計算し直して、土台作りを変えるだけのことでしょう。多少は厄介《やっかい》ですがね」

と言って笑ってみせた。

■原料炭二〇パーセントの底

山根さんとの話は数年前のことだったが、日本の石炭産業の最後の望みである〝二〇パーセントの底〟

が、原料炭を使う製鉄現場の技術屋から見ればこの程度のものだということだ。山根さんはその時、私の理解を助けるために製鉄の過程を次のように説明してくれた。

「鉄作りはご承知のようにコークス作りから始まる。外国炭・国内炭などを混ぜ合わせて、最良の条件を満たすと思われるコークスを作り出す。そしてそのコークスと鉄鉱石を混ぜて溶鉱炉《ようこうろ》にぶち込み、炉の下から絶えず風を送ってやって燃焼させる。こうして溶け出した鉄を取り出すのが現在行なわれている製鉄のやり方です。いきなり鉄鉱石《てっこうせき》から鉄《てつ》だけを取り出すという方法も理論的には成り立つだろうし、現在各国でも研究しているようだが、まだ実用には至っていません」

そして山根さんはこう続けた。

「ところでその鉄鉱石ですが、これはほかの不必要な鉱物とともにＦｅＯとかFeO_2といった酸化鉄《さんかてつ》の形で地上に存在しています。自然界では決して純粋なＦｅ（鉄）の形では出てきません。そこでコークスが登場します。コークスはひと言で言うとカーボンです。高い熱を出して鉄鉱石をドロドロに溶かすと同時に、鉄に化合している酸素も奪う還元作用《かんげんさよう》を果たしています。そして自らはＣＯ（一酸化炭素）とかCO_2（二酸化炭素）という形に変わってしまう。後には純粋な鉄だけが残るということになります。

コークスは地上三〇メートルも三五メートルもある溶鉱炉の上から、鉄鉱石と一緒に投げ込まれます。しかも炉の下積みになればそれだけ重い荷に耐えなければならなくなる。それでも粉々《こなごな》に崩《くず》れることもなく、下からの空気を充分に通しながらよく燃焼して、しかも、燃え終わった後には跡形《あとかた》もなく消え去ってしまう。これが製鉄の介添役《かいぞえやく》としてのコークスの理想的な姿です。この理想的なコークス作りのために、世界各国から石炭のサンプルを取り寄せては分析して、どこの国のどの石炭とどこの国のどのコークスを混ぜれば経済的で、しかも最大の効果が得られるのかを検討している。これがわれわれコークス課の仕事なのです」

と山根さんは明解に説明してくれた。

こうしてオーストラリアをはじめ、アメリカ、カナダ、南アフリカ、ソ連のほか、昭和四三年(一九六八年)から一時途絶《とだ》えていた中国からも再び輸入が行なわれている。さらにインド、トルコ、モザンビーク、コロンビアなど、それこそ世界中から石炭を輸入しているのである。南アフリカは、昭和四五年(一九七〇年)の一万七〇〇〇トンの試験輸入を手はじめにして昭和五五年(一九八〇年)現在では、ソ連、中国を凌《しの》ぐ第四位の重要な輸入国になっていた。

■近代化の終焉

原料炭の〝二〇パーセントの底〟は微妙《びみょう》である。特に日本の原料炭と性状《せいじょう》の近いオーストラリアの弱粘炭《じゃくねんたん》は脅威《きょうい》である。その豪州炭《ごうしゅうたん》も最近は高値になったと言われるし、変動の多い為替相場も確かに不安な要素ではある。しかしトン当たり八〇〇〇〜九〇〇〇円も値段が開いた現状では、国内原料炭が輸入原料炭に取って代わることのできる要素はまるでない。それでも一般炭に比べれば、原料炭は多少でも自活《じかつ》の途《みち》があるだけよいとしなくてはならない。電力会社に頼んで燃やしてもらうという政策的な需要に頼らなければならない一般炭は、一層つらい立場に立たされている。そんな中で始まった一般炭の輸入である。採算ベースから遠のいた石炭産業の生き残る道はさらに険《けわ》しくなった。

これが私が石炭と付き合った昭和四二年(一九六七年)から昭和四六年(一九七一年)にかけての偽《いつわ》らざ

る状況である。明治以降に北海道で発展してきた日本の石炭産業は、相次ぐ「炭鉱事故」とともに今まさに地底に沈もうとしていた。このことはまた、「ボーイズ・ビー・アンビシャス」で始まった北海道の近代化の一つの挫折《ざせつ》と見ることができるのかもしれない。

第11章　石炭政策の失敗

■一二年で四・五倍の生産量

まず第9表（一〇九頁）をもう一度ご覧いただこう。今日までの石炭産業の推移《すいい》は帰《き》するところこの表に集約されている。ここですぐにわかることは、次の四つの点である。

（1）昭和三三年（一九五八年）から昭和四五年（一九七〇年）までのわずか一二年間に一人当たりの生産量が四・五倍と驚異的に伸びたこと。なお、昭和五五年（一九八〇年）にはついに一人月産八〇トンの大台を突破していること。

（2）逆に昭和三三年から昭和四三年までの一〇年間に国内炭の第一次エネルギーに占める割合が四分の一に減少していること。

（3）九州の三井三池《みいけ》炭鉱と北海道の夕張《ゆうばり》炭鉱などの事故をピークとする大災害の三つの峰《みね》を通過して、石炭産業の衰退が確定したこと。

(4)炭鉱労働者が確実に減少していること。

どんなに生産能率《せいさんのうりつ》が上がった炭鉱があったとしても、一人当たりの生産量がたかだか一二年のうちに一挙に四・五倍も引き上げられた産業はそうざらにはないだろう。しかも大きな危険を伴《ともな》う産業であってみれば、まさに大躍進《だいやくしん》と言えるが、その代償《だいしょう》はあまりにも大きかった。大災害の三つの峰は、減少傾向にあった炭鉱労働者の下降《かこう》に一層の拍車《はくしゃ》をかけていた。つまりは残った労働者がそれまでの生産ペースを落とさないように頑張っているのであるから、どこかに無理がかかるはずである。

確かに稼働延《かどうの》べ一〇〇万人当たりの死亡率は減少傾向にあるが、労働者の数が最盛期の五分の一から一〇分の一に減少したことは、稼働延数に登場する一人の労働者の働く回数が五倍から一〇倍になったことを意味し、単純に言えば一人の人間が事故に遭《あ》う確率も二〇年前のざっと五倍から一〇倍になったと解釈《かいしゃく》できる。そのことを国や企業や炭鉱労働者がどう捉《とら》え、どのような見通しを持って、どんな対策をとってきたかということをこの章では見ていきたい。

結論から先に言えば、「石炭政策」に関する限り、その「見通し」も「対策」もまったく駄目であったと言わざるを得ない。「見通し」は外《はず》れっ放《ぱな》し。何度も立てられてきたさまざまな「対策」はことごとく失敗に終わり、今日の日本経済の主要な位置から石炭産業は大幅に敗退してしまった。

原因は何かと問われれば、エネルギー革命の嵐になぎ倒されたのだということになろう。しかし、その見通しをあやまらず的確に政策を転換していたとすれば、これほどまでの敗退はなかったと思われる。それなりに堅実に経営してきた中小の炭鉱は今よりも多く生き残れたかもしれない。一時は五三万人余りの炭鉱労働者を抱えた大産業が没落《ぼつらく》していく様《さま》は凄《すさ》まじかった。と同時に、安寧《あんねい》な日を送ってきた大企業が崩《くず》れていく過程で現れた企業内部の矛盾や問題点に、私はあまりにも日本的な性向《せいこう》を見て愕然《がくぜん》とした。経営者の姿勢を含めて、今日の日本経済の行方を予見《よけん》していたと思うのである。私の関心はこの点にあった。石炭産業の歴史から振り返ってみよう。

■石炭産業の戦後史

戦時中は〝黒い弾丸《だんがん》〟と言われ、敗戦後は経済再建の頼みの綱《つな》のように言われて時代の脚光を浴びてきた石炭と炭鉱が傾きかけてきたのは、「朝鮮動乱《ちょうせんどうらん》」の頃からであった。「朝鮮動乱」の最中の昭和二七年(一九五二年)一〇月、炭労《たんろう》(日本炭鉱労働者組合)は石炭鉱業連盟に対して一〇月一三日から四八時間のストに入ることを通告した。これが歴史の上では「炭労電産《でんさん》スト」と呼ばれる六一日間の大ストライキに発展していったのである。争議《そうぎ》の目的は、標準作業量《ひょうじゅんさぎょうりょう》(一人当たりの月産能率《げっさんのうりつ》)を引き上げようとする会社側の動きに、労働者側が強く反発したことにあった。石炭がまだ国のエネルギー源の大部分を占めていた時代である。国鉄のダイヤは乱れ、一二月には私鉄も加わって、炭労・電産・私鉄の三大ストに発展した。昭和二七年(一九五二年)一二月七日付『朝日新聞』夕刊にはこうある。

「戦時中の苦労で国民がガスが出ない、電気がつかない生活でも文句も言わずに耐乏《たいぼう》の構えに入れるのは見上げたものだ。それにしても、三三万トンも外国炭を輸入することになり、また二一万トンの第二次緊急輸入を行おうとしている。戦後の外貨の蓄積を気前よく失って良い訳はない」

単なる秋季攻勢の一つとしてスタートした争議が泥沼《どろぬま》にはまり、暮れに入っても一向に収まる目途《めど》が立たない。日経連《にっけいれん》(日本経済団体連合会)はこの争議に対して、

「国民の生活水準は戦前並みには回復していないが、労働者だけは実質賃金所得の著《いちじる》しい回復で、一般国民の平均水準をはるかに超えた生活回復の現状にある」

と発言している。

この争議の結果は、

(1)基準賃金の現行七パーセントアップ

(2)標準作業量は現行どおり

という炭労側のほぼ全面的な勝利で幕《まく》となった。その背後には朝鮮動乱という高景気ムードがあったことは、斡旋《あっせん》に当たった中山伊知郎の「どの企業も金についてはひと言の発言もなかった」という、むしろ意外だったといわんばかりの話からも窺《うかが》える。

■スクラップ・アンド・ビルド政策

しかし朝鮮動乱の終結とともに始まった、昭和二八年(一九五三年)、昭和二九年(一九五四年)の不況《ふきょう》の影響は、まず中小炭鉱の圧倒的に多かった筑豊《ちくほう》地帯に及び、閉山が相次いだ。ついで大企業に不況の波が迫るにつれて、〝量産して高炭価になるのを抑える〟この政策は、昭和三〇年(一九五五年)九月の「石炭鉱業合理化臨時措置法」を施行し、「スクラップ・アンド・ビルド政策」——つまり能率の悪いものは潰《つぶ》して、残った企業だけに積極的な援助をして石炭産業の再建を図ろうとしたのである。その推進役《すいしんやく》に「石炭合理化事業団」(この名称は昭和三五年から使用された)が誕生し、「石炭鉱業審議会」も発足する。しかし、昭和二九年(一九五四年)の暮れから始まった「神武《じんむ》景気」を迎えて、この緊張も再び緩《ゆる》み、昭和三一年（一九五六年）一二月、経済審議会エネルギー部会は、「新長期経済計画」の中で、〝昭和五〇年（一九七五年）度の経済成長を現状の二倍と期待して、石炭の生産目標を昭和五〇年度には七二〇〇万トンとする〟という大変な誤算《ごさん》をしてしまう。つまりエネルギー全体に占める国内炭の需要をあまりにも高く見積《みつ》もりすぎたのであった。経済成長はともかくとして、エネルギー革命の基本的な見通しを再び誤ったと言えよう。ちなみにそれから一〇年後の昭和四一年（一九六六年）の出炭量《しゅったんりょう》は五〇五五万トンとなり、目標年度の昭和五〇年度は一八六〇万トンと、見通しの二六パーセントにも達していなかった。

■「去るも地獄、残るも地獄」の増産体制

ところで、「神武景気」は長続きしなかったばかりか石炭産業の見通しを誤ったことが、その後の政策上、問題を一層深刻にした。昭和三二年（一九五七年）の中頃から始まった不景気によって再び高炭価問題が表面化し、先の不況後の反省の上にできた「石炭合理化事業団」が、非能率炭鉱の買い上げ（「買い潰し」とも言われた）という作業に具体的に入っていったのがこの時期であった。当然、中小炭鉱がまず買い上げの対象となり、失業者があふれた。

私が大学を出た昭和三一年（一九五六年）の「神武景気」の時でさえ、大変な就職難であったが、その後の不況は想像を絶するものがあった。そしてこの時から第9表で示したとおり、驚異的な「能率生産」が提唱《ていしょう》された。「去るも地獄、残るも地獄」と言われた増産体制《ぞうさんたいせい》の始まりであった。非効率炭鉱の整理をして競争相手を少なくしていく代わりに、残った企業は昭和三八年（一九六三年）までに炭価をトン

あたり一二〇〇円引き下げて、高炭価問題に応《こた》えるように義務付《ぎむづ》けられた。同時に石炭鉱業審議会は、重油《じゅうゆ》ボイラーを規制して、重油の代わりになるべく石炭を燃やせという保護策を昭和三八年まで延長させた。また、量産して炭価を抑えるために、昭和三八年度の出炭目標を五〇〇〇～五五〇〇万トンと決めた。量産をして炭価を抑えるということは、とりもなおさず鉱員一人当たりの能率を向上させるということである。そしてこの大方針は昭和三三年(一九五八年)、昭和三四年(一九五九年)とそれなりの成果を上げていったが、労働者の不満はついに爆発し、昭和三五年(一九六〇年)には三井三池炭鉱の三〇〇日に及ぶ日本の労働史上最大のストライキに発展していった。

■三井三池炭鉱の大ストライキ

三井三池炭鉱の大ストライキには次のような問題点があった。

(1)経営は組合の数を抑え、「組夫《くみふ》(下請け)」の増員で能率の向上を図った。

(2)したがって「組合員」と「組夫」との利害が対立した。

(3)過激な「組合員」の指名解雇《しめいかいこ》をした。

(4)そして組合組織の分裂《ぶんれつ》を図った。

「組夫」というのは一般の土木作業員《どぼくさぎょういん》のようなもので、道路工事もやれば地下にもぐって採炭の補助作業や坑道を掘る仕事もやる集団である。しかし、もともとは炭鉱の専門屋が多い。一般の鉱員と違うのは、彼らが下請けであり、能率給《のうりつきゅう》であるということ、そして一般に低賃金《ていちんぎん》労働者であるということ。もう一つ加えれば、一般の鉱員が「労働組合法」によって保護されているのに対して、彼らは「労働基準法」によってのみ保護される、企業にとって使い勝手のよい労働者であるということだ。極端な言い方をすれば、雇用するのに素性がよくわからなくてもかまわない。彼らは身体一つで仕事をする。そのため彼らは何より能率を上げなければならない。

一方、一般の鉱員は親代々の炭鉱《やま》育ちという例が多い。当然、家族を含めて、組夫と一般鉱員との感情的な対立も生まれる。しかし、一般鉱員にとっても組夫という下請けに任してしまった方が具合の良い作業もあったため、組夫を完全に排除することができなかった。たとえば掘進《くっしん》作業などは誰もやりたがらない仕事である。しかし組夫はそれを能率給でやっていくのだ。結果的には組夫を使った強い生産力と機械の導入とによって生産性が飛躍的に向上した。この時期、中小炭鉱の相次ぐ閉山が組夫の補充を容易にした。増産と収益のバランスをとるために組夫の補充だけに頼って当座を逃げ切ろうとした炭鉱会社さえあった。

■大ストライキがもたらしたもの

三井三池炭鉱の三〇〇日に及ぶ大ストライキは、第二組合の結成とセクト化の進行によって石炭産業そのものを崩壊させてしまうことになった。

「三〇〇日の間には、一人ひとりの生活がのぞき始めるのは当然だ。企業が左前《ひだりまえ》になった時の人間の限界。また、企業を倒して義《ぎ》に生きるのか。企業で生きて家族を守るのか。いわば、組合の大原則を一人ひとりが突きつけられた闘争だった。中小炭鉱ほど、それが一層深刻だった」

そう九州在住の知人が話してくれた。三井三池炭鉱の争議はそれほど厳しい闘争だったということである。

この闘争以来、労働組合全体に〝総資本対総労働《そうしほんそうろうどう》〟というような戦い方に反省が生まれ、企業の実情に合った企業別闘争というやり方が芽生《めば》えてきたと言われている。そのやり方が正しかったかどうかは別として、今日の労働運動全体に及ぼした影響は計《はか》り知れないものがある。

とにかく昭和三五年(一九六〇年)一月二五日に始まった三井三池炭鉱の争議において、労働組合が指名解雇《しめいかいこ》を覆《くつがえ》すような力を失って「中央労働委員会」の斡旋《あっせん》を受け入れたのは、秋に入った九月六日のこと。その間、実に三〇〇日であった。見方によれば、これも「量産して炭価を下げる」という大方針を掲《かか》げた以上、石炭産業全体が早晩《そうばん》通らなければならない関門《かんもん》であったと言えよう。このストライキを経て、炭鉱労働はさらに本格的な能率向上に向かってグラフはさらに右肩上がりになっていく。その間にも「正規職員」と「組夫」の生活の差は顕在化《けんざいか》していくように見えた。同じ鉱山《やま》で仕事をしながら、住む炭住(炭鉱住宅地)も別ならば、職場のトイレも別だったと聞く。

■石炭調査団の第一次答申

昭和三七年(一九六二年)一〇月、「石炭調査団」の「第一次答申《だいいちじとうしん》」が出され、目標の昭和四二年(一九六七年)度までで五五〇〇万トンの産炭量を維持していくことになった。だが、炭鉱労働者の相次ぐ離職、企業の閉山で、その土台は揺《ゆ》れ続け、結果的には四七〇六万トンと、大きく落ち込んでしまった。労働者の減少や炭鉱の閉山が国にとって困るのは、不安定な出炭をされるからである。これは計画を立て、対策をとる上で一番の癌《がん》になる。業界にはそのための責任があり、ノルマ維持の責任の大半は大企業に置かれていた。ただ、炭鉱の場合は大企業と言っても、鉱業所の数と生産量の総計が会社単位にした場合に中小よりも大きいというだけのことである。坑内条件が中小炭鉱と特に違うということではない。それが炭鉱の特色で、大企業の先端の鉱員にしてみれば、坑内条件は中小炭鉱と同じで、期待と責任だけが強く要請されるといった具合になる。

中小よりもむしろ大企業に事故が続発したのは、こうした事情によると関係者は言う。あたかもそれを裏書《うらが》きするように、戦後最大の炭鉱災害が三井三池炭鉱で発生した。

■戦後最大の炭鉱災害

昭和三八年（一九六三年）一一月九日、三井三池炭鉱での炭塵《たんじん》爆発が四五三人という大量の死者を出した。不幸な事故は重なるもので、東京ではちょうど国鉄三河島《みかわしま》事故でてんやわんやの騒ぎだった。私はたまたま東京で宿直勤務をしている時にこの炭塵爆発事故と三河島事故にぶつかり、定時の放送終了後、両者の事故で死亡した人の名簿を数時間読み続けたのを記憶している。三井三池での事故の原因は、炭車が暴走して脱線し、スパークした火花が脱線で巻き上げられた炭塵に引火したというものだ。大爆発の火の手は坑口《こうぐち》まで現れたというから凄《すさ》まじかった。死者の数から言っても、災害が及んだ範囲から言っても、これまでの炭鉱事故のスケールをはるかに上回るものだった。三〇〇日というあれほどの大争議を経過した後のこの大災害は、期待を集めて船出したばかりの船が自沈《じちん》したようなものである。日本の石炭産業の衰退のあまりにも象徴的な出来事だった。

この大災害について考えると、それ以前の災害はすべて三井三池炭鉱災害の前哨戦《ぜんしょうせん》にも思えてしまうし、その後の災害はすべて三井三池炭鉱災害の流れの中で続発したようにも感じられる。ここに至って炭鉱労働者は完全に浮《う》き足立《あしだ》った。親代々続いた炭住の労働者たちも、炭鉱そのものに見切りをつけて他産業へ流れていった。政府もこの災害を契機《けいき》にようやく時代の変化を認め、政策を転換《てんかん》していくが、遅すぎた。

■石炭調査団の第二次答申

すでに魅力のなくなった品物を作っているメーカーが、値下げしただけで客に買ってもらえるものかどうか。しかもそれを生産する労働者たちが、以前の五倍に能率を上げなければならない。労働者の平均年齢がますます高くなっている企業がこれをやる。すべてに無理がかかるのは当然で、その力のないものに価格まで下げさせたことが、石炭産業の決定的な命取りとなったのである。

その転換策を訴《うった》えたのが、「石炭調査団」の「第二次答申《だいにじとうしん》」である。柱《はしら》のトン当たり三〇〇円の値上げを認めたのだ。つまり、これまで一貫して採用してきた〝低炭価政策〟の変更である。量産して炭価を引き下げ、石油と対抗させようとした方針が無理であったことを政府が認めたのである。顧《かえり》みれば、昭和三四年(一九五九年)一二月の「石炭鉱業審議会」の答申によって、昭和三八年(一九六三年)を目途にトン当たり一二〇〇円の引き下げを迫られ、毎年確実に引き下げられてきた炭価が、奇《く》しくも目標到達年次の昭和三八年に、逆に引き上げられたのである。しかし、三〇〇円という引き上げの幅では焼石《やけいし》に水であった。

■石炭調査団の第三次答申

一度、坂《さか》を転がり出した車は容易《ようい》には止まらない。石炭産業は転落《てんらく》の坂を暴走《ぼうそう》していた。「石炭調査団」の「第三次答申《だいさんじとうしん》」は最終抜本策と言われた。その骨子《こっし》は、

(1)借金の一〇〇〇億円分を政府が肩代《かたが》わりする（後にこれは「第一次肩代わり」と呼ばれる）。
(2)その代わり五〇〇〇万トン程度の安定出炭をする。
(3)非能率炭鉱を潰《つぶ》す。

というものであった。財源としては「石炭特別会計」を設け、エネルギー革命の勝者である原油重油関税一二パーセントのうち一〇パーセントを当てるということにした。敗者と勝者のドッキングという皮肉な取り合わせである。しかし、この答申もまったくの不評であった。今後一〇年以上の安定出炭が可能な企業だけが、借金を肩代わりしてもらう資格があるという「但《ただ》し書《が》き」がついていたからである。安定出炭はこういう形で常に政策の柱になってきた。

前にも述べたように、安定出炭が維持できるのは大企業だけということになる。早い話、小さな企業の場合は、現在採炭している炭層《たんそう》の壁切羽《かべきりは》が掘り出されてしまうと、次の切羽から出炭《しゅったん》されるまでの間は岩石《がんせき》しか出せない。その点、大企業はどこかに採炭現場を持っているから出炭が続く。この結果だけを捉えて、安定出炭の条件を満たす企業以外は保護の対象にはならないとする政策は、取りも直さず大企業だけを残して整理してしまおうとする方針にほかならない。中小の生き残る道は中小企業同士の合併か大企業への身売《みう》りしかないのである。合併とひと言で言っても、地上と違って鉱区などの問題でおいそれとはいかないのがこの産業の特色である。自己のペースでゆっくりと採炭しよう

第15表　炭鉱数と事故死者数の減少

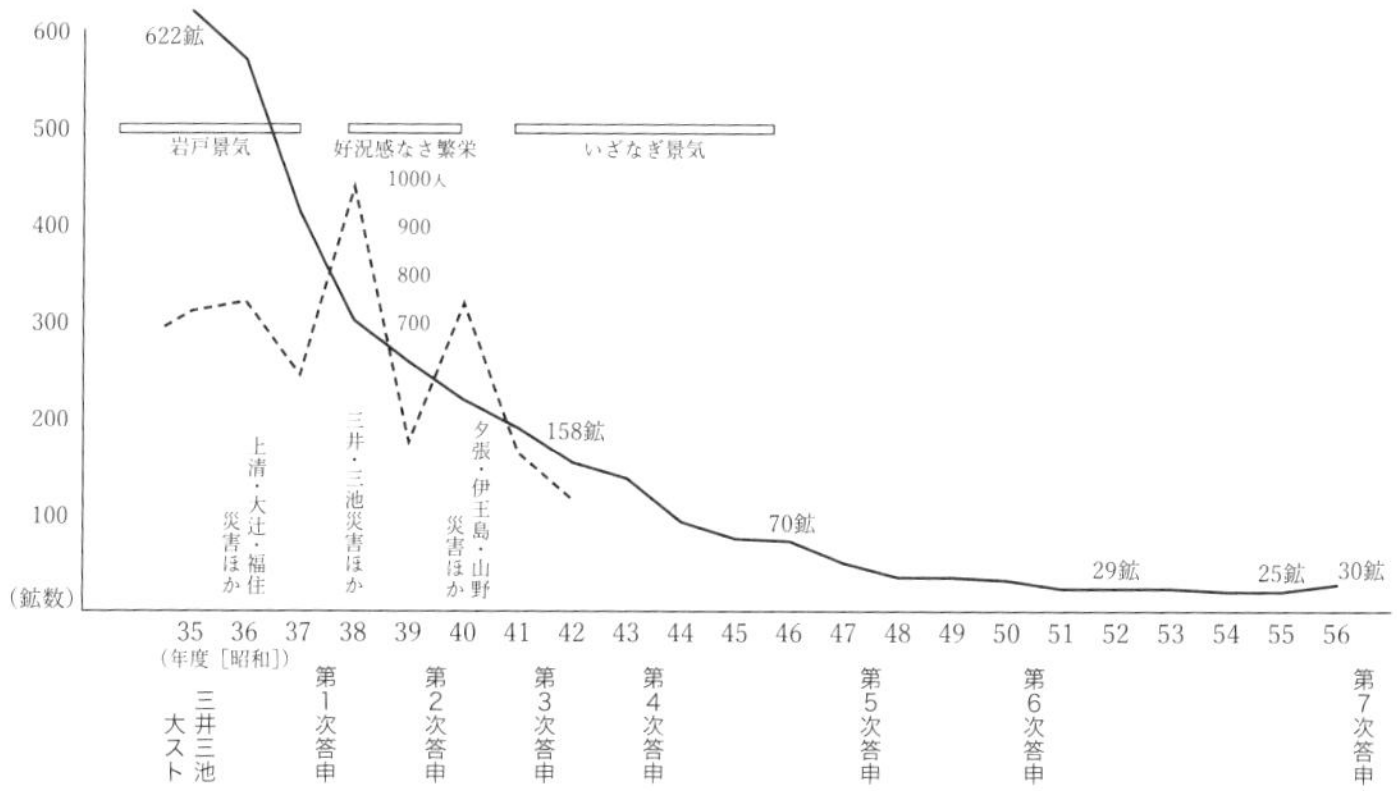

とする中小の経営者にとっては、炭価を買い叩かれ、借金も自分でしろということになれば、そのまま死ねということにほかならない。なんとかやってきた中小炭鉱もここに至っては大企業との位《くらい》負《ま》けで敗退せざるを得ない。政府の言う「安定出炭」とは、決して中小企業のための「安定」ではなかった。しかも肩代わりの枠《わく》は、各企業の「長期債務《ちょうきさいむ》」の額《がく》に応じて割り当てられたから、短期の借金しかできない中小炭鉱は初めから対象外であった。

こんな具合で最終抜本策と言われた第三次答申も抜本策にならずに、この答申が終わるまでの期間に政府はかれこれ三〇〇〇億円という巨費を石炭産業につぎ込んでしまったのである。それでも石炭産業の転落を止めることはできなかった（第15表）。

■財界からの爆弾発言

ここで当時、財界《ざいかい》の爆弾発言《ばくだんはつげん》と言われた「植村構《うえむらこう》想《そう》」について触《ふ》れておこう。時の石炭鉱業審議会の会長で経団連会長の植村甲午郎氏が「これだけ金をつぎ込んでも立ち直れない企業ならやめてしまえ」と、石炭からの〝撤退《てったい》〟を宣言したのである。これに対して通産省は直ちに〝維持《いじ》〟を打ち出して対立する。その後、植村構想は通産省の説得で一応収まった形となった。このように厳しい批判の中にあった石炭産業に対する、「第四次答申《だいよじとうしん》」が昭和四三年(一九六八年)一二月に出る。

前回の答申が実施に移されてすぐに次の答申が発表される事態となったのである。冒頭からその苦悩を次のように打ち出していることから、この第四次答申は〝練《ね》り直《なお》し答申〟と呼ばれた。

「政府が石炭産業に投入し得る助成の幅は限度がある。石炭企業は今度の対策で与えられる助成の枠内で最大限、再建に向かって努力する半面、与えられる助成で事業の維持、再建が困難となる場合は、勇断《ゆうだん》をもってその進退《しんたい》を決《けっ》すべきだ。今次の対策が、政府が石炭鉱業に投入し得る財政資金の極限であると考える」

この第四次答申では第三次に続いてさらに八五〇億円という「再建交付金《さいけんこうふきん》」を出すことにした。〝第二次肩代《かたが》わり〟である。

「国民の税金をそれほどまで私企業の石炭産業に投じても良いのか」

という国民からの批判が強く打ち出された答申内容であった。石炭産業に対する世間の目はそこまで厳しくなっていたのである。だが、国民の気持ちとは逆に、この第四次答申の目標とする昭和四八年(一九七三年)までに、さらに四二〇〇億円の巨額の金がさまざまな形で石炭産業に投下されたことを思えば、文面とは違って大変過保護《かほご》な政策だったということになる。第二次肩代わりのほかに答申は、トン当たり六〇〇円程度の炭価の引き上げも認めている。また、〝企業ぐるみ閉山〟に対する交付金制度も定められた。

■閉山屋の噂

この第四次答申によって北海道では雄別《ゆうべつ》炭鉱、昭和《しょうわ》炭鉱などの中規模の炭鉱がどんどん姿を消していった。いろいろな補助金や交付金を計算し、有利に倒産するタイミングを指示して会社を整理するという妙《みょう》な人間がいる、という噂《うわさ》が聞かれたのもこの頃である。第4章でも触《ふ》れた〝経営のプロ〟＝〝閉山屋《へいざんや》〟のことである。いかにもこれからやるぞという意気込みを見せて、補助金が出たところで思いっきり増産してパッと会社を潰す。そのへんの呼吸を上手に操作するのが彼らの腕の見せどころだと聞いたが、今となってはその真相を知る術《すべ》もない。

しかし、こんな噂が流れること自体、石炭産業に対して国がいかに手厚い保護政策を行なっていたかがわかろうというものだ。街工場の倒産とはわけが違うのである。

「政府の過保護政策のおかげで、石炭業界は努力して金を得るということを忘れてしまった。つまり、〝こういう合理化をするから金をこれくらい貸せ〟といった真っ当なやり方を忘れてしまったのだ」

と通産省の役人の一人がそう説明したのが印象的であった。

この「第四次答申」にはほかにも問題が多々あった。たとえば次のような点である。

(1)原料炭については、わが国鉄鋼業の基礎原料であり、国内における出炭確保が必要である。

(2)一般炭についても、安定した出炭供給ができるという態勢を確立するならば、協力を求め得る基盤を作ることができる。

自国の原料炭がなければ鉄ができないというのはどうなのか。「二〇パーセントの底」の項で述べた通り、どうしても自国の原料炭がなければ鉄鋼ができないというものではない。まして一般炭については論外である。安定供給をするからということで、買ってもらってきたというのが実情である。

■石炭調査団の第五次答申

昭和四七年（一九七二年）六月に石炭調査団の「第五次答申《だいごじとうしん》」が出された。この第五次答申は、さすがに石炭を取り巻く環境の悪化をこれまでより一層強く受け止めているが、石炭政策を立てる場合は、日本には石炭が出ないのだという前提で立案した方が、石炭の歴史を振り返って立案するよりも現実的なのではないかという意見があちこちから聞こえるようになってきた。それほど目まぐるしい変化に政策が追いついていなかったのである。第三次答申を「最終抜本策」と呼び、第四次を「練り直し答申」と呼ばせても、石炭産業の地滑《じすべ》り現象は止まらず、これ以上の呼称のつけようもなくなって、第五次からの答申はそのまま「第五次」「第六次」「第七次」と呼ばれるようになった。

第五次答申が実施段階に移された昭和四八年（一九七三年）には〝オイルショック〟が起こり、石炭を窮地《きゅうち》に追い詰めた石油にも翳《かげ》りが見え始めた。石油は安いエネルギーではなくなり、無尽蔵《むじんぞう》なものでもなくなったのである。石炭を含めた石油以外の代替《だいたい》エネルギーの模索《もさく》が始まった。しかし、国内炭の生産量はすでに二〇〇〇万トンを割っていた。

■石炭調査団の「第六次答申」「第七次答申」

第16表　石炭対策の答申内容

	基本方針	主要施策
第1次答申（37年10月13日）	石炭鉱業の崩壊防止は国民的課題	スクラップ・アンド・ビルド体制の近代化 炭鉱離職者求職手帳（いわゆる黒手帳）交付
第2次答申（39年12月16日）	国内エネルギー源の確保は国家的要請	炭価引き上げ（一般炭三〇〇円／トン 原料炭二〇〇円／トン）
第3次答申（41年7月25日）	累積赤字の肩代りで赤字の脱却可能	いわゆる「第一次肩代り」一〇〇〇億円の元利補給
第4次答申（43年12月25日）	安定出炭できねば勇断をもって進退を	いわゆる「第二次肩代り」八五〇億円の再建交付金といわゆる「特別閉山交付金」創設
第5次答申（47年6月29日）	二〇〇〇万トンを下らない需要引き上げ対策	いわゆる「第三次肩代り」七〇〇億円・各種補助金引き上げ、大口需要界へ引き取り要請
第6次答申（50年7月16日）	総合エネルギー政策の中で石炭を可能な限り活用	海外炭の開発・輸入 石炭のガス化・液化技術の開発
第7次答申（56年8月4日）	安定供給と経済性の調和・石炭鉱業の自立	新鉱開発の調査、消滅鉱区の再開発・炭鉱間格差の是正

「第六次答申《だいろくじとうしん》」は、〝石油危機《せきゆきき》〟の中で生まれた〝石炭見直し答申〟となった。石炭産業にとっては久しぶりに雲《くも》の切《き》れ間《ま》に陽《ひ》の光を見るようなものであったが、二〇〇〇万トン割れは回復せず、生産は減少を続けた。第六次答申の政策では、初めて海外炭《かいがいたん》の積《せっ》極的導入《きょくてきどうにゅう》をうたった。今まで見捨てられてきた石炭を急に見直そうとしても、国内炭はすでに小回《こまわ》りが利《き》かなくなってしまっていたのである。「海外炭の開発・輸入」という第六次答申の主要施策が目に痛《いた》い。

そして「第七次答申《だいななじとうしん》」が昭和五六年（一九八一年）八月に出された。「第七次答申」では、「安定供給と経済性の調和」が基本方針に見られる。「安定供給と経済性の調和」は従来の政策と少しも変わっていない。それよりもこれまで炭鉱に数千億も湯水《ゆみず》のごとくつぎ込んだ補給金《ほきゅうきん》について、「傾斜配分による炭鉱間格差の是正」とした真意が私には理解できない。

■分岐点

ここまで日本の石炭産業の政策の変遷《へんせん》を大まかに見てきた。ここでつくづく思うことは、エネルギー革命によってたとえ石炭産業の衰退《すいたい》が不可避《ふかひ》であったとしても、これほどの急激な衰退は回避《かいひ》することができたのではないか、二〇年なり三〇年なりを細々と生き延びる方途があったのではないかということである。エネルギーの市場から撤退をするにしても、徐々に撤退をしていたならば、炭鉱災害もかなり回避できたかもしれないと思うのである。であるならば、いったいどの時点で〝緩《ゆる》やかな撤退〟に向かわなければならなかったのか。この点を考えてみたい。

日本のエネルギー政策に通じたさまざまな人に話を聞いた結果、次の四つの時点があったのではないかということになった。

（1）「昭和五〇年（一九七五年）の目標を七二〇〇万トン」とするアドバルーンを上げた昭和三一年（一九五六年）の時点。

（2）「昭和三八年（一九六三年）を目標にトン当たり一二〇〇円の炭価引き下げ」を迫られた昭和三四年（一九五九年）の時点。

（3）三井三池《みいけ》炭鉱の三〇〇日間の大ストライキが行なわれた昭和三四年（一九五九年）から昭和三五年（一九六〇年）の時点。

（4）第一次答申の昭和三七年（一九六二年）の時点。

通産省の元・札幌鉱山保安監督局《さっぽろこうざんほあんかんとくきょく》局長の近藤忠和氏は「（1）昭和三一年（一九五六年）の時点」だとして次のように言う。

「考えてみれば、七二〇〇万トンの目標を立てたあの時点が天王山《てんのうざん》だったと思いますね。昭和三一年の時点で石炭産業の将来の見通しを誤ったばかりに、その後何千億円という手痛い資金を大量につぎ込まなければならなくなった」

昭和三一年(一九五六年)という年は、労働者一人当たりの能率を引き上げるためにそれまでのやり方を改め、以後の石炭生産のための計画立案をした年だ。いわゆる合理化の第一歩を踏《ふ》み出そうとした時点に当たる。まさに〝頂門《ちょうもん》の一針《いっしん》〟と言うべきであろう。しかし後日《ごじつ》、私が日本銀行の某調査役との雑談でそのことを話したところ、彼は即座に昭和三一年(一九五六年)が分岐点であったという私の見解を否定した。

「それは無理ですよ。来年の経済予測もはずれるのだから、まして一五年、二〇年先の予測の立つわけがない」

と言うのである。確かに経済予測というのは難しいには違いない。しかし石炭産業の場合、問題は経済ベースでものを考える以前のところにあったと思うのである。先の近藤氏はその点をこう説明する。

「技術屋の目から見て、地下の産業を地上の産業と同じように考えたところに根本的な見通しの誤りがあったと思いますね。あんな無茶《むちゃ》掘りをしたら、たとえ労働力の補充《ほじゅう》があったとしてもバタバタいくのは当たり前です。掘り進めば深くなる、遠くなる、能率は上がらない、したがって焦《あせ》る、焦れば事故が出る、事故が出れば、それでおしまい。とにかく速くて能率的であればそれで良いというのではかなわない」

また、ある関係者はこんな意見を述べた。

「あの生産方式では事故の起こらぬはずもないが、一人の人間が一〇年間でそれまでの一〇倍の能率を上げた成果を思えば、あれでも比較的事故は少なかったんではないですか。日本人の器用《きよう》さによるものでしょう」

なるほど、一人の人間が一〇年間でそれまでの一〇倍の能率を上げられたというのは、確かに驚嘆《きょうたん》に値する。しかし、私に言わせれば、それ以前の一〇年で、せめて前年の何倍かの能率向上がなぜなかったのかが不思議に思えてくるのである。急速な変化には必ず無理がつきまとう。現場の鉱長《こうちょう》クラスから経営者に向かって計画の修正要求がなぜ出てこなかったのだろうか。

「炭鉱経営者は炭鉱《やま》のワンマンだから、他人の意見を聞く耳は始めから持たない」

「職員と鉱員とでは入る便所も風呂も違う。遊ぶホールに差もあれば、入居する寮《りょう》の程度も大違いだから、下の意見が反映《はんえい》されるわけもねえ」

「ちょっと文句をつければ職場を替えられる。割《わり》の悪い場所は誰だって嫌だから、つい黙《だま》っちまうのだろうよ」

これら一つひとつの言葉の中に、長年炭鉱で培《つちか》われた人たちの体質を見る思いがする。

「誰だって人は心地《ここち》よい言葉には耳を傾ける。反対に現状を変えようとする意見は嫌だ。そこにへつらうものが登場する場面ができる。残念ながら技術屋の中からもそれが出てくるとなると恐ろしいことになる。もっとも技術屋が採算ということにあまりにも無関心《むかんしん》であったことにも責任の一半《いっぱん》はあると思うがね」

と関係者たちからの意見は尽《つ》きないのだが、ともあれ、下からの意見が計画立案には響《ひび》かなかったと言えよう。そしてその結果、確かに一人当たりの能率は上げられたが、事故も増え、石炭の安定生産はおろか会社そのもの、石炭産業そのものまで失ってしまったのである。炭鉱に限らず日本の産業や組織の中に、これと同じパターンを私たちは多く見てきたような気がする。

■炭価の引き下げの時点で

「(1)目標七二〇〇万トン」の時点で誤った後は、「(2)炭価引き下げ」の時点での誤りがある。昭和三四年(一九五九年)、政府は四年後の昭和三八年(一九六三年)を目標に炭価の引き下げを迫った。エネルギー革命における石油攻勢は予想外に強い。炭価を引き下げてもっと安く売れるようにしなければ競争できないと考えたのである。考えてみれば、これほど無茶な話はない。売れない小売商店が安売りばかりして商売が繁盛《はんじょう》したという話はあまり聞いたことがない。これが経済の意地《いじ》の悪いところで、値を下げただけで需要が伸びるものではないのである。消費者運動や官庁の小手先《こてさき》の指導がなかなか上手《うま》くいかないのも、実はここに問題がある。

政府が炭価を引き下げて、かつ一人当たりの能率を上げるという下手《へた》な経営に出たばかりに、以後、数千億円の投資《とうし》をしても、最後には全部流してしまうという結果になった。根源的《こんげんてき》な誤りを犯《おか》したのが、この「第二次答申」の時点であった。

■三井三池の大ストライキの時点で

第三は、言うまでもなく三井三池炭鉱の大ストライキが起こった(3)の時点である。当時の状況をひと言で言えば、政府は企業とともに追いすがる労働者の要求を振り切って、強引《ごういん》に「能率」「安定」「低価格」の路線に突進《とっしん》させたのである。地下産業における能率を、どこまで上げることができると政府は考えたのか。中小炭鉱を切り捨て大企業に統合させることによって、どこまで安定出炭ができると予測したのか。そして低価格でどこまで石炭の需要が伸びると考えていたのか。政府による強引な能《のう》率指導《りっしどう》は、その後すぐに一連《いちれん》の大災害となって跳《は》ね返《かえ》ってきて、安定出炭《あんていしゅったん》という点では大企業も頼《たよ》りにならぬという国民的な不信感が広まった。そして石炭の低価格は、石炭産業の決定的な行《ゆ》き詰《づ》まりをもたらす。振り返ってみれば、この時点では政府も炭鉱経営者も組合側の態勢を切《き》り崩《くず》すことだけに頭がいっぱいで、基本的な政策のチェックをするゆとりさえなかったのではなかろうか。三井三池炭鉱の三〇〇日の大ストライキから得た教訓は、単に政府の面子《めんつ》にかけても石炭産業にテコ入れをして再建しようとの意気込《いきご》みだけであった。炭鉱経営の基本方針を修正することもなかった勢いだけの政策は、その後、〝暴走〟するだけになる。ここでもまた大きな誤りを犯していたのである。

■第一次答申が出た時点で

そして最後は、(4)昭和三七年(一九六二年)の「第一次答申」が出た時点であったと言われる。通産省の近藤氏の言葉を借りれば、

「修正時点を暴走し、ついに宇宙船よろしく、月をかすめることもなく、永遠の宇宙の迷子《まいご》になって

第17表　答申の見通しと現実の差

計画者	計画年度（昭和）	目標年度（昭和）	目標生産量	現実量	その差
	年　月	年度	万トン	万トン	万トン
経済審議会エネルギー部会	31.12.	50	7,200	1,860	－5,340
石炭鉱業審議会調査団答申（第1次答申）	37.10.	42	5,500	4,706	－794
（第2次答申）	39.12.	42	5,200	4,706	－494
（第3次答申）最終抜本策	41. 7	42	5,000程度	4,706	－294
（第4次答申）練り直し答申	43.12.	48	3,600程度	2,093	－1.507
（第5次答申）	47. 6.	48～51	2,000	1,860	－140
（第6次答申）	50. 7.	明示せず	現状維持（50年度、1,860）	1,809（55年度実績）	－51
（第7次答申）	56. 8.	57～61	現状維持（将来は2,000万tをめざす）		

消えてしまった」

　ということになる。「第一次答申」の目指した五年後の昭和四二年（一九六七年）の生産見通しが五五〇〇万トンに対して四七〇六万トンと大きく落ち込んだことからその結果がわかる（第17表）。それでも第一次答申に見られる内容はかなり強気なものであった。事実、最初の計画通り、一人当たりの能率は飛躍的な伸びを示していたし、三井三池炭鉱の三〇〇日の闘争以降は目立った反対運動もない。労働者の流れは中小炭鉱から大企業の炭鉱へと移り、大企業の不足分はこれで充分に補充できるかに見えた。あとは機械化など人間以外の別の要素に頼ればよい。こうした〝楽観《らっかん》〟が政府や残った企業を支配していたことに疑《うたが》う余地《よち》はない。そこに誰もが予測《よそく》していなかった三井三池炭鉱での大災害が発生し、この時をピークにした相次ぐ事故の発生と、他産業への労働力の流出《りゅうしゅつ》という悪循環《あくじゅんかん》が生まれた。そのことが政策を修正する機会を奪《うば》ってしまったのである。

■人材流出

以上のように、国から数千億という巨額な資金援助を受けた石炭産業は、表面上はともかく、事実上は国家の財産管理を受ける格好になった。必要があれば、資金は国が肩代わりをしてくれるという安易な考えが企業の独立心をすっかり失わせてしまった。〝国がついているから安泰《あんたい》〟というムードの組織の中では、上層部《じょうそうぶ》のご機嫌《きげん》を上手《じょうず》にとれる、いわゆるゴマスリ人間が活躍する。反対に企業の前途《ぜんと》に不安を感じて、建設的な意見を積極的に言うものは遠ざけられ、改革の芽《め》も摘《つ》み取られていく。現に昭和四三年(一九六八年)に大事故を起こした北炭夕張平和鉱《ほくたんゆうばりへいわこう》でも、社長である萩原氏に逆らうような気骨《きこつ》ある人間は、傍系他社《ぼうけいたしゃ》へどんどん流されていったという噂をあちこちで聞いた。つまり組織の〝老朽化《ろうきゅうか》〟、〝劣化《れっか》〟である。これは炭鉱ばかりでなく、巨大組織の持つ宿命の一つと言えるのかもしれない。

こうした現象が傾斜への起爆材《きばくざい》となる。労働者の不満が根底《こんてい》にあるところへ、合理化《ごうりか》の嵐がやってくる。外側から強い力が加わった場合は、企業内部の不満は押さえようがなくなってくる。つまり石炭産業の場合は、その外圧《がいあつ》がエネルギー革命という未曽有《みぞう》の嵐だったわけで、老朽化した組織には、もはやこの大きな嵐をかわせるだけの小回りが利かなくなっていたのである。加えて、相次ぐ事故と他産業の高度成長は、当然、労働者に自分の所属企業、産業との比較でものを考えさせる。地上での好景気《こうけいき》に煽《あお》り立てられて、いよいよ炭鉱の前途《ぜんと》に将来性が認められなくなってくると、若年労働者から順に他産業の企業へ流出していく。

■急激な合理化の歪み

三井三池炭鉱の三〇〇日の闘争時には二四万人余りもいた常勤の労働者は、その後わずか一〇年間で五万人余りにまで激減した。コンスタントに生産量を確保するためには、残った人間一人当たりのノルマが拡大されることになるのは当然である。その不足分を機械に置き換えて、一人当たりの能率は四倍にも五倍にも増加した。この急激な合理化の歪《ゆが》みが大事故に繋《つな》がっていくのである。

私の取材した昭和四三年(一九六八年)七月三〇日の北炭夕張平和鉱事故の場合は、石炭を搬出《はんしゅつ》するベルトが採炭した石炭の荷重《かじゅう》で出火したもので、そばに人間がいれば簡単に気づいた災害だったと言われた。三一人の人間が、いわば単純な人為的事故で犠牲《ぎせい》になったのである。

こうして合理化による事故が発生すれば、労働者はさらに他産業に流れ、炭鉱労働者の絶対数が減れば、ノルマはまた拡大される。ノルマの拡大は保安要員《ほあんよういん》を減らし、彼らを生産に当たらせることになる。あとは悪循環《あくじゅんかん》が繰り返されるだけである。

第12章　生産性の優先

■生産が保安に優先

「生産が保安に優先していたのではないか」

「会社は利益ばかり追求することを考えて、安心して働ける設備に金をかけようとしない」

事故が起きるたびに必ず耳にする言葉である。正直言って、この言葉を聞くと私は「またか」とうんざりしてしまう。この言葉に対する会社側の言い分もまた同じである。

「普段から充分に気を配っていたのに残念だ。今後は原因を充分に調査して二度と繰り返すことのないように努力する」

このパターーンの繰り返しである。だから続けて事故が起こった現場では、遺族や仲間の鉱員たちが、

「会社は前の事故の時にも同じことを言っていたのに、また起こしたではないか。忘れたとは言わせないぞ」

と言うことになる。

私たちメディアの側も、限られた紙面や決められた時間内で、この間の事情を説明し、今起こっていることをわかりやすく伝えようとすれば、

「生産が保安に優先していたのではないか」

と、やはりパターン化された報道しかできないのである。

■労使の意見

炭鉱会社が生産計画《せいさんけいかく》を立てる時には、必ず組合の代表者の意見も加えられる仕組《しく》みになっている。国の政策決定のためのさまざまな審議会にも労働者の代表が加えられる。労働者側の意見がどれだけ多く取り入れられたかは別として、とにかく形の上では「労使《ろうし》の意見」という形で炭鉱の政策や生産計画が作られる。だから「生産が保安に優先したのではないか」と言って会社だけを責めてもあたらないことがある。

昭和四三年(一九六八年)九月三日に北炭夕張第二鉱《ほくたんゆうばりだいにこう》で起きた落盤《らくばん》事故の場合は、現場を四日前に組合が自主点検《じしゅてんけん》したばかりだった。もしその時、何らかの改善すべきところがあって、その指摘《してき》を会社側が受け付けなかったとすれば、それは一方的に会社側の責任である。逆にそれを改善させないうちに作業をやってしまったとすれば、働く方にも責任がないとは言えない。会社側が改善するまで入坑《にゅうこう》しない選択もあり得《う》るからである。ところがこの事故の場合は、組合の自主点検の直後に起きて八人の命を奪《うば》っていた。事故の起きる時はそのように責任の所在《しょざい》があいまいなケースが多いのである。

■住友石炭赤平鉱業所歌志内鉱の事故

昭和四六年（一九七一年）七月一七日、住友石炭赤平鉱業所歌志内鉱《すみともせきたんあかびらこうぎょうしょうたしないこう》の「ガス突出」で三〇人が死亡した。この事故は、組合が一度拒否した会社の再建案を、全組合員の再投票によって認め、炭鉱《やま》を存続させることになった矢先《やさき》のことであった。結局、会社はこの事故で閉山となる。当時の『朝日新聞』の報道を見てみよう。

「会社が保安軽視　命拾《いのちびろ》いの鉱員ら怒る」

の見出《みだ》しに続いて、こう記されている。

「住友石炭赤平鉱業所歌志内鉱の坑内事故の原因はまだハッキリしていないが、いずれにしても保安対策が不十分であったとの批判は避けられない。（中略）採炭員（三五歳）は「このヤマはガス突出が一番怖《こわ》いところだ。合理化にだけ力を入れ、会社は保安をおろそかにしていたのではないか」と吐《は》き捨《す》てるように言った。あやうく助かった鉱員たちの中にも、「近頃、会社側に保安に対する厳《きび》しさが欠けているような不安を感じていたが、やっぱり大事故を起こしてしまった」と怒りを込めて批判していた」

確かにその通りだ。しかし、

「会社は保安をおろそかにしていたのではないか」

「保安に対する厳しさが欠けているような不安を感じていた」

という内容からは、具体的にどの点がどうおろそかだったのか、どこに会社側の保安に対する厳しさが欠けていたのかという指摘はない。

採炭作業はチームワークである。坑内で働く作業員にしてみれば、多少の不安はあってもチーム全体の作業能率を考えて個人的な感情は抑《おさ》えようとする心理が働く。多少、作業手順が荒《あら》っぽいなと思っても、現場全体の能率が、そこで働く一人ひとりの今日の収入と関連があるとすれば、三つ言いたいことも、一つか、せいぜい一つ半で抑えることもある。事故が起きてから、あの時言っておけばよかったと思うこともあるだろう。それが言えなかったのは、まわりに気兼《きが》ねをした個人の責任なのか、それともまわりの空気なのか。個人の意見を吸収して素早《すばや》く対策のとれなかった組織上の問題なのか。いろいろなケースが考えられる。

一方、坑内には会社側の係員だけでなく一般鉱員に至るまで、〝炭鉱は安全な職場なのだ〃という空気が意外に強く支配している。不安だと思いはじめたら誰も働く者がいなくなってしまう。個人差もあるだろう。同じ情報をキャッチしても、危ないと感じる人もあれば、いや大丈夫だと思う人もある。少々の危険など考えずにがむしゃらに働く人もいるだろう。こうしたさまざまな人間が同じ現場で作業している。加えて、自分の意見をあまり主張しないと言われる日本人には〝長いものには巻かれろ〃式の〝哲学〃もある。この哲学が生産を上げるという方向では、かなり能率よく作用するものの、安全性という点では悪い方向に作用してしまうのである。

■個人と組織

次は昭和三〇年(一九五五年)一一月三日付の『朝日新聞』を見てみよう。この記事は、一度事故が起きてからわずか二〇日の間を置いて再度ガス爆発事故を起こした北海道の炭鉱の状況について書かれた記事である。

「結局、経営者は生産を念頭にして労働量の密度《みつど》を強調し、労働者は低賃金をカバーするために超過《ちょうか》勤務《きんむ》を望む実状から見て、作業の速度を上げるために故意《こい》に検査が省略され、また労働過重《ろうどうかじゅう》から注意力が散漫《さんまん》になりがちで、そこに死への落《お》とし穴《あな》が生まれているようだ」

「十年一日《じゅうねんいちじつ》の如《ごと》し」という諺《ことわざ》があるが、石炭産業がまだ華やかだった昭和三〇年当時から、すでに今とまったく同じ問題が問われてきたのである。

「保安が大切だと言いながら、事故のあとで一番先にやってきて繰り込ませろと主張するのは、いつも組合だ。安全の確認が完全にできるまで、現場への立ち入りは禁止させておいて、会社側に直させろと言ってきたためしがない。不思議だと思いませんか。会社を思う気持ち、そこの現場で働かなければ能率給が追いつかないなどの気持ちはわかる。しかし、これを労働者の口から聞かされるのがさびしい」

ある災害現場で一人の監督官《かんとくかん》が話してくれた言葉である。

私もこれと似た状況を何度か経験したことがある。事故で奇跡的《きせきてき》に助かった鉱員が仲間の肩も借りずに元気に出坑《しゅっこう》してきた時のことだ。

「良かったですね。体は大丈夫ですか」

「ありがとう、大丈夫」

「それじゃひと言。事故当時の模様《もよう》を……」

と問いかけると、周囲の組合幹部がマイクを遮《さえぎ》ってしまった。

「この人は出てきたばかりで疲れているから」

と言うのである。北炭のような大会社ほどこの傾向が強かった。これはいったい何を意味するのだろうか。

こんなこともあった。私はその鉱業所の地形《ちけい》に詳しかったので、一番先に現場事務所に着いた。事務所の中に顔も服も真っ黒のまま仲間たちと大声で話している一人の鉱員がいた。ひと目で難《なん》を逃れた人だとわかった。興奮《こうふん》がまだ覚《さ》めないでいるのだ。そこでマイクを突き出すと、彼は一気にしゃべり出した。恐怖《きょうふ》は人を雄弁《ゆうべん》にする。一言一句に実感がこもり、私の聞きたいことが質問しないうちに次々と飛び出してくる。ところがそこに人が割《わ》って入った。

「〇〇君、ちょっと××さんがお呼びだよ」

組合幹部のこのひと言で彼は急に口を閉ざしてしまった。この瞬間に、彼はひとりの人間から組織の人間に還《かえ》っていったのである。

■日本型企業の特性

保安に関してこんな話をしてくれた人がいた。

「保安については会社のものの考え方がまずスタートから違っている。〝保安のために良い運搬施設はどれだろう〟という考えに立たず、いきなり〝運搬のために効率の良い施設はどれだろう〟という発想からスタートする。ベルトにしようか、自走式《じそうしき》にしようか、それとも立坑《たてこう》を掘ろうか……。いろいろある中で、まず保安の立場からどれにするかを決定しなければならないのに、それはどこかへすっ飛んでしまっている。そして、まず何トン出すかの計算が始まる。施設が決まってしまえば、それですべての要素が決まってしまう。保安はこの施設を円滑《えんかつ》に動かす要素の一つとして求められる。全然違うんだねえ」

炭鉱に限った話ではない。日本の企業では大なり小なりこうした考え方がありはしないだろうか。公害《こうがい》問題にしても、根《ね》は企業のこうした考え方にあるのではないだろうか。

「営業部門が現場にまで強くくちばしを入れてくるのは問題を一層大きくしていると思うね」

と言う前述した元保安監察局長の近藤さんは、さらにこう言う。

「何度も言うように、地下産業は自然が相手だ。目まぐるしい地上の勝手なオーダーで小回りが利くものじゃない。どうしたら安全に、安く掘れるかが、企業全体としてのテーマなんだ。確かに技術者側にも問題はあった。能率を考える技術者はいたが、コストを考える人間がいなかった。立坑は掘ったが何トン出せたか。大きな機械を入れたが減価償却《げんかしょうきゃく》ができたかどうか。採算を考えないばかりに無駄になった経費を加算していくと、日本全体では炭鉱に大変な無駄金を捨てたことになるだろう」

近藤さんは生産技術から経営にも言及する。

「会《かい》して議《ぎ》せず、議して決《けっ》せず、決して行《おこな》わず、行ってその責《せき》を取《と》らず。元来、会議というものは反対意見を聞く場所だと私は考えている。それが日本人の会議は上から下の一方的な伝達の場でしかない。また衆《しゅう》を恃《たの》んでやって来て、少数の意見はまず絶対と言ってもよいほどに吸い上げられない。つまり反対意見を見出《みいだ》す努力がない」

「でも、それは炭鉱に限ったものではないでしょう」

と私は口をはさんだ。

「それはそうです。だが残念なことに、炭鉱には無能なワンマン経営者の育つ環境がありすぎた。人里《ひとざと》離れた山の中、しかも現場は坑内という特殊な社会だ。他人の目が長い間注《そそ》がれなかったために独善的《どくぜんてき》になったのかもしれない。下の意見は上に心地よい意見しか反映《はんえい》されない。したがって、それにへつらう者しか上に上がれない。あとは決定的な悪循環があるだけだ」

「まったく同感ですね。しかし矛盾《むじゅん》に気づいてもそれを改善するのは至難《しなん》の業《わざ》なんでしょうね」

「改善には人か金に必ず影響が及ぶ。たとえば坑道の集約《しゅうやく》をしなさいと言ってもしない。安全のために人を出しなさいと言っても人手不足《ひとでぶそく》だと言う。一つも前に進もうとしないのだ。人間は誰でも今やっていることが良いことだと思っているものだと思う。だから反対意見は苦痛《くつう》である。他人の機嫌《きげん》をとりながらではいい仕事はできない。前向きでなければ、結局は潰《つぶ》れる」

こうした古い体質が、エネルギー革命という未曽有《みぞう》の波に翻弄《ほんろう》されて、このまま行けるはずがないだろうと近藤さんは言いたかったらしい。

確かにこれまでの保安対策は、あくまでも生産優先の立場でしか認めないところに問題があった。

「地下三〇〇メートル以下は老人の山ですよ」

磯部敏郎北海道大学教授は言う。現場の保安技術が及《およ》ばないところにまで人が潜《もぐ》り込《こ》んでしまっている。それは消防車《しょうぼうしゃ》の梯子《はしご》も届かない高層ビルがどんどん建てられているのと同じである。先に紹介した歌志内鉱の事故も、地下四二五メートルの採炭現場での災害であった。現場が深くなれば深くなるほど、ますます危険性は高くなる。そこを人間集団がしゃにむに掘り進んでいくのだから、起こるべくして起きた災害だったのだ。

■国内外における炭鉱事故

今日、炭鉱員を守っている唯一の法律である「鉱山保安法《こうざんほあんほう》」というのは、驚くことに、GHQ（連合国軍総司令部）の指示で作られた。この法律のおかげで、立入検査権《たちいりけんさけん》を持ち、違反に対しては捜査もできる専門の監督官が定められたのである。それ以前は「鉱業法」の中に「鉱業警察取締規則《こうぎょうけいさつとりしまりきそく》」と「石炭鉱業《せきたんこうぎょう》爆発取締規則《ばくはつとりしまりきそく》」の二つの規則があり、その取り締まりは警察の役割であった。炭鉱労働者の身の安全に関する法律は、戦後になってアメリカから取り入れたものなのである。「生産が保安に優先したのではないか」と言う背後には、とてもひと言では表現しきれない複雑な背景があるのだ。

もう一つ、前に示した昭和三〇年（一九五五年）一一月三日付の『朝日新聞』を読んでいて私は奇妙《きみょう》な事実を見つけて慄然《りつぜん》とした。

「日本は鉱山災害事故では世界一という自慢にならない記録を持っている。通産省鉱山保安局の調べによると、一八六六年（慶応二年）から今日までの死者三〇〇人以上を出した世界の一一大爆発事故のうち、六つまでは日本の炭鉱である。このうちには、かつて日本が経営していた大陸の炭鉱も含まれる。一番大きいのは、死者一五二七人を出した昭和一七年（一九四二年）四月の満洲本渓湖《まんしゅうほんけいこ》炭鉱の爆発事故。国内では死者六八七人にのぼった九州方城《ほうじょう》炭鉱のガス爆発事故（大正三年一二月）だった」

とある（第18表）。

一五二七人という炭鉱災害史上世界最大の犠牲者を出した本渓湖炭鉱の爆発事故とはいったいどんなものであっただろう。しかも大陸侵攻《しんこう》時代の日本支配の経営となれば中国人や朝鮮人の犠牲者が多かったに違いないと、当時の新聞を一日がかりで探したのだが、ついに一行の記事も見つけることができなかった。**第18表**を見ると、さらに中国での二つの炭鉱事故も日本統治下の炭鉱での事故であったことがわかる（「本渓湖」は旧地名で現在は本渓《ベンシー》、中国東北部の遼寧《リャオニン》省東部の鉱業都市で鉄と石炭の街である。一九五九年の生産高で二〇〇万トンの弱粘結炭《じゃくねんけったん》を産出し、同地で算出する鉄のコークスとして最良とある〈平凡社『世界大百科事典』〉）。

第18表　世界各国における重大災害状況

『朝日新聞』昭和30年11月3日夕刊

	（鉱名）	（国別）	（変災年月日）	（死者数）
1	本渓湖	中国	昭和 17. 4.26	1,527
2	クーリエー	フランス	明治 39. 3.10	1,099
3	撫順	中国	大正 6. 1.11	917
4	方城	日本	3.12.15	687
5	シンゲニー	イギリス	2.12.18	439
6	若鍋	日本	3.12. 1	423
7	ラドホルト	ドイツ	1.11.12	367
8	桐野第二坑	日本	6.12.21	369
9	オーフ	イギリス	慶応 2.12.12	361
10	井径	中国	昭和 15. 5.22	341
11	西安泰信第一坑	中国	17.10.11	301

（本表は死亡者300名以上を生じたもの）　（通産省鉱山保安局の調べ）

通産省が発行する保安年表がある（第5表）。そこにもやはり日本の支配する中国における炭鉱の事故の記録は載っていない。樺太《からふと》・白鳥沢《はくちょうさわ》のガス爆発事故を記載しながら、中国で起こった事故は記載していないのである。国家的な問題は別として科学的な研究の立場からも、日本が関わる炭鉱の大きな災害・事故はそのまま載せて今後の反省と研究に役立てるのでなければ、犠牲になった人たちの霊《れい》は浮《う》かばれまい。犠牲者たちについての証言の記録はきっとどこかにあるに違いないと思うが、私には探し切れなかった。この項を書きながら私は、台湾人の元日本人兵が傷病《しょうびょう》を負《お》いながら、戦後は国籍が違うということで、法律的な補償請求《ほしょうせいきゅう》を拒否された裁判のことを思い出した。軍人のみならず、こうした国外の犠牲者は数多くいるだろう。

第13章　撤退

■酒を飲む

「今日行ってりゃあ、あの親父《おやじ》と一緒に死んだんだが、夢見《ゆめみ》が悪かったから休んで助かった」

と言っては酒を飲み、

「おっかぁが寝坊《ねぼう》して助かった」

と言ってはまた真っ昼間から酒を飲む。

そして飲んだ勢《いきお》いで坑口《こうぐち》にやってきては、同僚の遺体搬出作業《いたいはんしゅつさぎょう》を眺《なが》めている。

炭鉱事故が起こった時、そういった風景に私はよく出会った。こんな時、炭鉱《やま》の男たちとはいったいどんな神経《しんけい》の持ち主なのかと戸惑《とまど》ってしまう。事故が起きて救護隊《きゅうごたい》が入坑《にゅうこう》すれば、その日の作業は休みとなるのは当然だが、こうした災害の時の給与は平常通りに支払われる。休めた上に金まで出るのだから、男たちにとっては思いがけない休暇《きゅうか》であろう。しかしそのあまりにも不謹慎《ふきんしん》な態度を見かねて、そのことを私が質《ただ》したところ、鉱員の一人は笑いながらこう答えてくれた。

「坑内《こうない》は実弾《じつだん》の詰《つ》まった大砲《たいほう》の中のようなものだ。誰か一人が引《ひ》き金《がね》を引いたら、まず全員がオダブツだ。本当なら自分もその中にいたはずなのに、何かの拍子《ひょうし》でいなかったとすれば、人間誰《だれ》しも、まず喜《よろこ》ぶのは当たり前のことだろう。酒が好きならば、つい飲みたい気持ちにもなるだろう。ただそれだけのことさ」

周囲に居合《いあ》わせたほかの男たちも、うなずきながら笑って見せたところを見ると、これが彼らの共通の心理であるらしい。しかし、よそからやってきた私には、この説明だけでは納得《なっとく》できるはずがない。

■離職に際しての矛盾した思い

彼らは常に矛盾《むじゅん》した二つの気持ちの板《いた》ばさみになって働いている。第一は、自分はもう歳《とし》をとっているし、扶養家族《ふようかぞく》も多いから、ほかの産業ではとても使ってはもらえまいという気持ち。第二は、そうは言うものの、自分たちにも自分の人生を選ぶ自由がある。若い連中と一緒でも、まだまだ何かができるのではないかという気持ち。これらが四六時中、彼らの頭を捉《とら》えて離さない。

たとえば、家には高校生を頭《かしら》に小中学生が二人という三人の子どもがいたとする。おまけに年寄りまで抱《かか》えていれば、いくら石炭産業に見切りをつけたとはいえ、それだけの大所帯《おおじょたい》が津軽海峡《つがるかいきょう》を渡って、まだ一度も見たことのない東京などへ引っ越していけるものかどうか疑問である。祖父《そふ》の時代から住み慣れた炭住《たんじゅう》を離れて、親類も知人もまったくいない都会でのアパート暮らしに耐えられるものかどうか。まず年寄りが音《ね》を上げるだろう。そして次に子どもたちである。小学生はよいとしても、中学生・高校生の子どもはどうなるのか。転校がうまくできるだろうか。うまくできたとして、都会の学校に馴染《なじ》み勉強についていけるのかどうか。そんなふうに、まず家庭内の問題がある。

そしてその後は経済的な問題が出てくる。妻子《さいし》と年寄りを含めて一家六、七人が住むためには、どう考えても三部屋あるアパートが必要である。つまり3DKのアパートを都会に求めたとしたら、いったいどれだけの家賃がかかるのか、その見当もつかない。しかもまったく経験のない仕事に就《つ》くことになるのだろうから、最初は充分な給料がもらえないであろう。それでは部屋代も払えない。ちなみに炭鉱《やま》の生活環境と言えば、昭和四五年(一九七〇年)当時で「炭住」の家賃はたったの二〇〇円と嘘《うそ》みたいな値段である。しかも、その二〇〇円の中に、電気代・水道代からトイレの汲《く》み取《と》り代までが含まれる。石炭代は炭鉱員自身が自家用にする場合は、一般炭で一トン五円と、これまた嘘のような値段である。市価ならば一トン六〇〇〇円もする石炭が五円なのである。

「なぜ五円なのかと言われても困る。昔からずっと五円なのだから。運搬代ということなのだろうか」

と鉱員自身が首をかしげるくらいなのだ。仕事用の作業服の代金も取られなければ、冠婚葬祭《かんこんそうさい》にしたところで炭鉱《やま》の中のこと。特に因襲《いんしゅう》があるわけでもない。生活が楽なはずである。

炭鉱を出て都会に行けばこうした生活が一挙に変わる。ガス・水道・電気のどれにもメーターが付いていて、月々いくらかかるのかまったくわからない。こうしたメーターを見たことのない彼らにとってガス・水道・電気のメーターそのものが非常に恐ろしい存在なのである。ことほど左様に、たとえ同じだけ給料をくれる職場が見つかったとしても、彼らの不安はまったく解消《かいしょう》されないのである。

それならば、いっそ潰《つぶ》れるまで炭鉱《やま》に残り、潰れたら別の近くの炭鉱《やま》へ行く。そこも駄目ならその次の炭鉱《やま》へ。そうこうしているうちに四、五年経って、少なくとも高校生の子どもは卒業して社会人となる。もう少しの辛抱《しんぼう》ではないか。そんなふうに考え、炭鉱《やま》に踏み止まる――それは大抵が中高齢者である。若い元気な連中は見切《みき》りも早く、炭鉱の斜陽化《しゃようか》が始まったと見るやさっさと都会へ出てしまう。相次ぐ炭鉱事故がそれに一層の拍車《はくしゃ》をかけたから、ハーモニカ長屋《ながや》の炭住にはあちこちに空き家が目立ってくる。両隣《りょうどなり》が空き家で、後ろの家も近いうちに炭鉱《やま》を下りる予定だと聞かされれば、中高齢者の鉱員とその家族たちも焦《あせ》り出す。家中《うちじゅう》が浮き足立ってくるのは当然である。

■職場環境の変化

自分たちも鉱山《やま》を下りよう――残った鉱員たちにそう考えさせる決定的な要因がある。それは職場環境の変化である。

これまで説明してきたように、「斜陽の石炭産業を支えるためには安定出炭が必要だ」というのが国の基本的な考え方だ。それはいつまで経っても変わらないから、炭鉱会社としては人が減っても出炭量は下げられない。今まで一〇人一組でやってきた仕事が七人になってもこれまでと同じことをやらなければならないのだ。しかも、残された中高齢者だけでやらなければならない。一日の働く時間を長くすることは労働組合の立場からもできない。となれば、機械化である。しかし、会社側にその資金の目処《めど》もつかなくなったとすれば、残るのは生産に直接つながらない作業とそれに関わる人員の削減である。〝生産に直接つながらない作業〟とはどんな作業なのか。それはほかならぬ〝保安面〟という

第19表
安定出炭を押し上げる要因と押し下げる要因

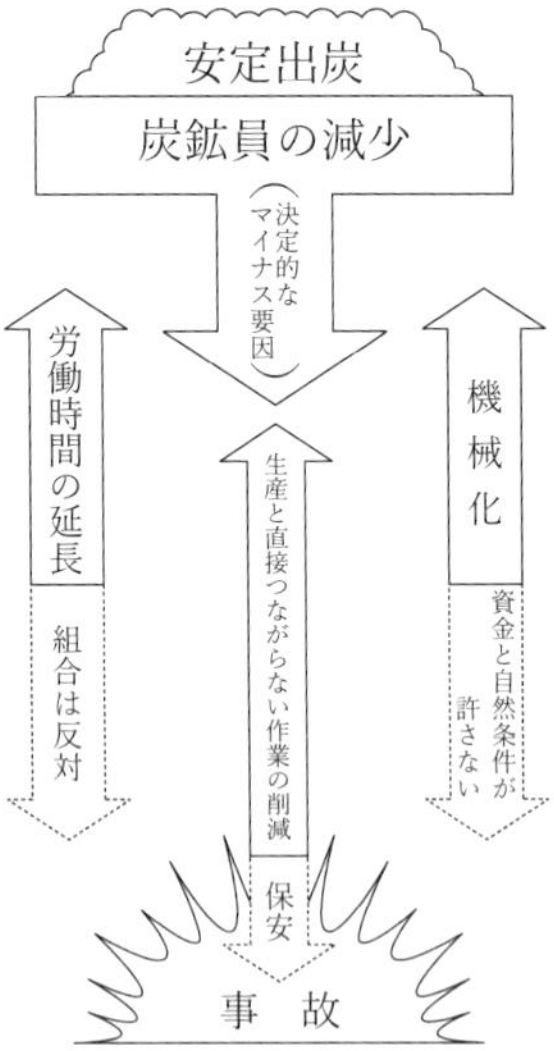

ことになる。〃保安〃というのは〃余裕〃ということと切り離して考えることはできない。〃余裕〃とは、当座はそれで持つかもしれないが、念のためにやっておこうというゆとりのことである。地上の交通事故も、誰もが時間のゆとりを持って無理なスピードを出したりしなければ起こるものではない——というのと同じである。今の鉱員を取り巻く環境は、運転の交代要員もないままにフルスピードで走り続けなければならない車と同じである。

「保安」は元来が監督業務を主体とするものであるから、配置された人員による細心の注意力が必要である。計器の細《こま》やかな点検やゲージの読み、機械類の修繕《しゅうぜん》や坑道《こうどう》の安全性の確認など、すべてにおいて細心の注意力が求められる。しかしこの「注意力」というのが極めて厄介《やっかい》で、人間の身体的・精神的コンディションによって左右される。鉱内での保安要員の作業内容は、必要な機械類の節約などもあってますます増え、その守備範囲は広がっている(第19表)。

「機械の節約などはまだいい方だよ。昔と違って最近は、通気坑《つうきこう》も掘ろうとしない。だから掘進《くっしん》が進めば伸びた分だけビニールパイプの風管《ふうかん》を継《つ》ぎ足《た》して、まるで腸《ちょう》のような具合だね。ガス払《は》けは悪くなる。一発くれば、袋《ふくろ》のネズミで逃げ道もない。危《あぶ》ねぇったらありゃしない」

〝機械の節約〟どころか〝坑道の節約〟までやっていると鉱員たちは言う。

しかし、坑道の節約は実際問題としてできるはずはない。採炭に当たっては、会社の出した設計図を通産省の監督官が保安上の立場から監督するという建前《たてまえ》があるからである。

「なあに、ここから先は使っていないんだと説明すればそれまでさ」

「監督官がくる時だけ禁柵《きんさく》をして俺たちに出ろと言う。それから監督官がくるんだから、本当の監督にはなるめえ。だから、いつだって俺たちはきれいに坑道の掃除をして監督官のお出ましを待っているんだ」

「それじゃ、君らの方にもごまかしている責任があるじゃないか」

「そりゃそうだ。だけど、それを俺たちが監督官に告げ口できるとでも思っているのかい」

「一人でできなければ、みんなでやればいい。組合の力はそういう時に発揮されなければ仕方がないだろう」

「それができれば苦労はないよ」

「……」

■掘らせる係員、掘らせない係員

それができない理由は、仲間が一つになれないからだとも言う。誰もが割《わり》のいい採炭の仕事に携《たずさ》わりたいからである。多少無理な作業があったとしても、「どんどん掘らせる係員」のグループにいた方が、「慎重過ぎて掘らせない係員」のグループにいるよりも稼《かせ》げるのである。逆に、鉱員にとってもっとも損なことは、あいつはうるさい奴《やつ》だとレッテルを貼られて、さまざまなグループをたらい回《まわ》しにされることである。そうなればいつも下役《したやく》で、しまいにはみんなからのけ者《もの》扱いにされてしまう。出炭量によって報酬《ほうしゅう》の大部分が決まる採炭の仕事は、腕に自信のある者にとって魅力のある職場であるのは間違いない。金になる採炭の仕事が、地味な保安の仕事より喜ばれるのはこうした出来高《できだか》給与のためである。「組夫《くみふ》」という出来高専門の労働者たちが、企業側にとって都合が良い労働者であることもこのあたりの事情がある。

みんなが生産量を上げようと血眼《ちまなこ》になっている時に、監督官に告《つ》げ口《ぐち》をする人間が出たとしたら、それこそ袋叩《ふくろだた》きにあってしまうだろう。しかしその一方で鉱員たちは、監督官に自分たちを危険な環境から守ってほしいという他力本願《たりきほんがん》的な気持ちも持っているのである。

彼らの安全は、こうして彼ら自身の問題から乖離《かいり》して、どんどん他人まかせになっていく。現場責任者である係員は、こうした彼らの矛盾した気持ちをよく心得《こころえ》ているから、時にはガスが多少あっても報告書には「なし」と記載し、一日の生産を上げるように協力する。そうすることが会社側にとってもプラスになるのだと彼らは考える。係員は会社から何人の鉱員を与《あた》えるから何トン出せと言われて入坑《にゅうこう》する。ノルマとしての石炭が出なければ当然その理由を追及されることになる。それが辛《つら》いから、彼らもまた掘る方に力を入れる。その一方で、保安上の責任も果《は》たさなくてはならないから、現場と会社との板ばさみで悩むといった、極めて難しい立場に立っている。

そのような状況下で災害が起こる。人が死ぬ。しかし、〝死人に口なし〟で、「これまで一つの問題もなかった」と鉱員たちは口をそろえて言うのだった。

■隠れた技術の継承――仕繰係

〝生産に直接つながらない作業の削減〟の結果は「災害となって現われる」ということは述べてきた通りである。災害が起これば、辞めていく人も増える。人員が減って一人当たりの作業量が増える――という悪循環である。〝斜陽〟という一度転がり出した車を止める手立てはもはやないのである。

保安についてはさらにこんな話がある。坑道を作る場合の分岐《ぶんき》や巻立《まきたて》は技術的に作るのがかなり難しい。たとえば「分岐」。分岐とは坑道が左右に分かれる部分のこと、分岐を作る鉱員のことを仕繰係《しくりがかり》と呼んだ。坑内は古いレールを曲げたり坑木《こうぼく》で鳥居《とりい》を組んで天盤《てんばん》を支えるのだが、一本の坑道ならばそれで問題ないとしても、これが二本の坑道に分かれる分岐点になると仕事が難しくなる。力学的な問題が出てくるからだ。昔の仕繰係は、この難しい部分を名人芸《めいじんげい》とも言える技術で丹念《たんねん》に仕上げた。最後に柱の脇に自分の名前まで刻《きざ》んだという。つまりこの部分で問題が起きれば、それは自分の全責任だという証《あかし》である。こうした地底深くの隠れたところに情熱と誠実を込めてきた職人的鉱員がいたのである。

ところが現在は、こういう人たちがどんどん卒業してしまって、鉱員気質も大きく変わった。難しい職人的技術は継承されず、熟練鉱員たちが守り伝えてきた技術への軽視が思いがけない大惨事につながることも多い。表面上は仕上がりもよく、昔の作りと変わらないのだが、何かのはずみで簡単に崩《くず》れてしまうような分岐が多いのだという。坑道の一方で起きた爆発で、二股のもう一方は助かったとしても、分岐点がふさがってしまって、結局は出られなくなるということにもなりかねない。ものごとが金とノルマだけで進めば、この仕繰係の名人芸もやがて消えてしまうだろう。

■隠れた技術の継承——大先山

「暑い」
「眠気《ねむけ》がくる」
と、地熱の上昇やガスの異常な発生をいち早く感じ危険を知らせるのは経験の深い大先山《おおさきやま》だ。しかし会社の新入社員初任給が上がっていても、年老いた鉱員である大先山の給与は上がらない。後山《あとやま》が働かないから先山の先輩たちが割《わり》を食う。大先山といっても技能給は少ない。鉱員の賃金が採炭量で決まる現状では、どれ一つとっても大先山には救いがない。そうした状況は炭鉱に限ったことではないかもしれないが、労働の現場が鉱山であり相手が冷酷な自然であるだけに、一歩間違えばその処断は他産業よりもはるかに厳しい。

昭和四三年(一九六八年)一月二〇日の美唄《びばい》炭鉱災害の時には、農閑期《のうかんき》を利用して小遣《こづか》い稼ぎに入った近くの農民が犠牲になった。当時、人手の不足した坑内にはそうした農民や、ちょっとした北海道旅行のつもりでやってきた青年たちが小遣い稼ぎのために、どんどん坑内に入っていった。

札幌から赤平《あかびら》の茂尻《もじり》へ向かうバスの中で、たまたま九州出身の青年と隣り合わせた。年の頃、二四、五歳といったところで、見るからに純朴《じゅんぼく》そうな青年であった。半年契約で一日一三〇〇円の日給月給《にっきゅうげっきゅう》であるという(昭和四五年八月現在)。ここから食事代・医療費・保険料を差し引くと手元に残るのは月二万円と少々だという。しかし半年後には一二万円となる。半分使ったとしても、六、七万は残るはずだ。中には一番方《いちばんかた》と二番方《にばんかた》、二番方と三番方《さんばんかた》、三番方と一番方といった具合に、二番《ふたばん》続けて人の倍も働いて、半年後に二〇万から二五万も故郷へ持って帰る人もいるという。金は使うところがないから貯《た》まる。当時は東京からの往復の旅費も出たから、北海道旅行をゆっくり済ませて帰る者もある。しかし坑内の現場では、たとえば自分のミスで人車から振り落とされたりして怪我をした場合は医療費は個人負担だ。気をつけなければ元も子もなくなってしまうという。

「最初に入坑《にゅうこう》した時はどんな気持ちだった」

私は自分の経験を思い出しながら青年に尋《たず》ねてみた。

「とにかく地の底に入ったという心細さだね」

「作業はどう」

「崩落《ほうらく》が怖い。こんな大きな岩石《がんせき》が落ちてくる。俺たちは採炭の下働《したばたら》きの仕事だ。怖《こわ》いのは足と首だね」

そう言って青年は脛《すね》と、見上げるような仕草をして自分の首筋《くびすじ》とを撫《な》でて見せた。

「入ってからびっくりしちゃうんだ。怖くって。だから自分と同じように半年契約できた二〇〇人のうち一五人が一カ月で辞めてしまった」

「途中で辞めたら旅費は駄目だろうね」

「それはそうだが仕方がない。俺も今、札幌の職安《しょくあん》へ行ってきた帰りなんだ。せっかく北海道へ来たんだから、穴の中の怖い仕事より、のんびりとした牧場《ぼくじょう》の仕事がないかとね。俺は牧場のような仕事が好きなんだ」

「牧場の仕事だって大変ですよ」

　私はからかった。

「だけど炭鉱よりは安心だ」

　九州から来たという青年の炭鉱に入って働いた率直な感想だった。こうした〝素人〟が起こすミスも、熟練した鉱員が起こすミスも、同様に大災害を引き起こす可能性がある。親の代、祖父の代から炭住で育った仲間同士が、互いに目と目で通じ合う心の会話も、こうした臨時の鉱員たちには通じないだろう。坑内はいま危なっかしい相乗り状態である。

　事故に結びつく意外な要因はまだある。それは日本人に共通する基本的なマナーの悪さだ。西ドイツの炭鉱で働いてきた日本人労働者が、仲間のドイツ人鉱員に最初に注意されたのは、石炭を運ぶベルトコンベアを股《また》いだことだったという。彼らは絶対にそんなことはしない。渡るべき設備があればそこを渡る。渡ってはいけない場所では絶対に渡らない。自分一人の怪我で済めばよいが、それが原因でどんな事故や災害につながらないとも限らないからである。炭車に飛び乗ったり、飛び降りたりする者もいない。〝信号を守って横断歩道を渡る〟というマナーの順守が西ドイツでは地下の世界でも徹底《てってい》されているのだという。

■労働組合に対する思い

　アルバイトの鉱員ではなく、石炭産業の斜陽化によって人員が減り〝保安〟が軽視されるようになった採掘現場の正規の鉱員たちの現況に話を戻そう。私がこの時知りたかったのはかつてとは違う劣悪《れつあく》な作業環境で働いている鉱員たちが労働組合に対してどんな考え方を持っているのか——ということだった。これは現役の鉱員(組合員)たちからはなかなか聞き出せなかったので、第4章で触れた雄別《ゆうべつ》炭鉱茂尻《もじり》鉱の廃墟を解体していた元鉱員たちに聞いた意見である。彼らの昼休み時間に話を聞いた。

Nさんは当時五二歳。昭和四二年(一九六七年)に閉山した茂尻鉱と同じ赤平《あかびら》市にあった豊里《とよさと》炭鉱の離職者だった。豊里炭鉱と言えば、

「父の山を潰《つぶ》さないでください」

と総理大臣に作文で訴えた子どもに、時の佐藤首相もこれに応えて努力する——という約束をしたことがニュースになった。しかし、結局閉山してしまったという話題の炭鉱だった。

「あの時の組合長がなかなかのやり手だったと思うよ」

Nさんはポツンと言い、そして話題となった総理大臣への手紙の件に触れた。

「良い子を持つと親も幸せだ。あの子の親はニュースになったことで、どこか良いところへ行ったらしい。誘った企業も名誉になるから」

Nさん自身は炭住に残って、地元の廃品回収会社《はいひんかいしゅう》に就職した。手取りが当時で五万円。厚生年金から年間二八万円をもらえるから、自分はまだ幸せだと言う。二八年間、機械部門の仕事を担当して、退職金《たいしょくきん》は見舞金など一切合切《いっさいがっさい》を含めて二〇〇万円。これがNさんの身上《しんしょう》である。

「今考えて一番損《そん》したと思うのは、炭鉱《やま》にいると娑婆《しゃば》がわからないということ。組合は一方的なことばかりを教えてきたと思う。町村の選挙演説を聞きに行っても、はっきりと圧力《あつりょく》がかかった。どこへ

行くんだと役員に聞かれる。道の角々《すみずみ》までちゃんと見張《みは》っていたんだから」

Nさんの発言をきっかけに、Yさん、Oさんなどが口をはさんだ。彼らもそれぞれ中小炭鉱の離職者である。

「その組合役員の選挙ときたら、国会議員の選挙よりもっと面白いんだ。飲ませてくれる人に入れるんだから、今夜、俺の家へ来ないかと誘う。行く方も心得《こころえ》たもんで、初めからそのつもりで行くんだから嫌になる。あっちで飲んで、こっちで飲む」

「何せ鉱夫《こうふ》ぐらいだらしのねえ者はいない。自分たちの環境を良くするために団結しようなんて考えている者はまず少ないね」

「それぐらい強い気持ちにならなければ、鉱夫にゃなれないよ」

自嘲《じちょう》するように一人が言った。

「違いない」

とYさんが相槌《あいづち》を打つ。Nさんはさらにこう説明した。

「一〇人のうち一人二人が文句を言っても、八人が俺は金さえ取れればそれでいいと言い出せばもうおしまいだ。その少数意見が取り上げられることはまったくなくなってしまう」

「全体が一致することはまずないからね」

Oさんが口をはさんだ。

「それがどういうことかと言うと、たとえば、今の現場はどうもガスが多すぎるから、少し様子を見たらどうかと一人が言ったとする。そのために多少収入が犠牲になるのは当然だ。すると残りの人たちが、その必要はないと言い出す。それで結局組合の問題にもならない。こちらから問題を出していないのだから組合が問題として取り上げるはずもない」

「年中そんなことばかり言っていると、自然に仲間との折り合いもまずくなる。請負《うけおい》からはずされる。ついには布団《ふとん》を背負《しょ》って炭鉱《やま》を下りなければならなくなるということさ」

「まあ結局は、おとなしい人が働くってことになる」

「組合なんて一人ひとりにとっちゃあ、あってないようなもんだ」

「だけど組合も最後の人は良かったよ。そうじゃなかったかい」

Yさんがみんなに質《ただ》した。

「確かに最後の頃は人間もできた良い人たちが多かった」

「潰《つぶ》れる頃になって、良い人が出てきてもどうしようもないじゃないか」

「そりゃそうだ」

Oさんの発言で一同苦笑いをしてこの話は終わってしまった。町からやってきた解体屋の主人の軽自動車が着いたからであった。彼らは弁当をしまうと、今まで寝転《ねころ》んでいたムシロを片付《かたづ》けて立ち上がった。


私は彼らの話を聞きながら、二つの場面を思い出していた。一つは、前にも述べたように、九死《きゅうし》に一生《いっしょう》を得《え》て救出されてきた組合員が、事故当時の模様《もよう》を私に話し出したとたん、組合役員によって遮《さえぎ》られてしまったこと。そしてもう一つは、雨竜《うりゅう》鉱山の閉山大会にF委員長の提案した炭労への最後のお礼のカンパを、全員がにべもなく否決《ひけつ》してしまった時の、彼らの凄《すさ》まじいまでの悪態《あくたい》だった。

「炭労が俺たち中小炭鉱労働者に何をしてくれたというのだ」

という罵声《ばせい》が乱れ飛んだ。

「俺たちはこれから一人になるんだ。そんな無駄《むだ》な銭《ぜに》は一銭《いっせん》だって出せない」

と誰かが言うと一斉《いっせい》に拍手《はくしゅ》が湧いた。組織から離れる時になって初めて彼らは堂々と自己を主張したのだった。

第14章　朝鮮人労働者と組夫

■朝鮮人労働者

何気なく見たテレビの画面に、北海道奈井江《ないえ》炭鉱跡が映し出され、元飯場《もとはんば》の建物があった辺《あた》りを初《しょ》老《ろう》の朝鮮人《ちょうせんじん》が指さしながら、往時《おうじ》を偲《しの》ぶといった場面を見た。終戦特集《しゅうせんとくしゅう》の番組であった。この初老《しょろう》の朝鮮の人は何人かの仲間と強制的《きょうせいてき》に炭鉱に連れてこられ、窓もほとんどないような木造《もくぞう》の大きな飯場に詰め込まれた。粗食《そしょく》と重労働《じゅうろうどう》で仲間の何人かが死んだ。連れてこられた人の中には一六歳の少年もいた。さながら生《い》き地獄《じごく》のようなものだったと述懐《じゅっかい》していた。

先年、これと同じ話を、今はある炭鉱の守衛《しゅえい》として働くYさんから聞いていた。Yさんは北炭夕張《ほくたんゆうばり》に勤めて昭和三三年（一九五八年）に定年退職していた。戦時中のYさんは、北炭夕張で朝鮮人労働者の指導と監督を専門にしていたという。

「何しろ言葉が通じないから朝鮮人の先山《さきやま》（先輩格の鉱員）に通訳をさせた。それによると彼らは騙《だま》されてやってきた者が多かったらしい。ある晩、一つの集落《しゅうらく》全体に映画を見にこいという招集《しょうしゅう》がかかった。ただし、これには一つの条件があって、女や子どもはくる必要がないということだった。そこで集落の男連中が誘い合わせて行ってみると、そのまま日本の炭鉱へ連れてこられてしまったという。一四歳の子どもから五〇代の人間まで混じっていたところを見ると、彼らの話は本当だったろう」

とYさんは説明する。

「第一次の受け入れは昭和一五年（一九四〇年）一一月だった。二年間の契約だった。その後は徴用《ちょうよう》で連れてこられた。連れてこられた朝鮮人は出征兵士《しゅっせいへいし》と同じように襷《たすき》をかけたまま炭鉱へきた。〝天皇《てんのう》陛下《へいか》の為〟というのは同じだと言って喜んでやってきた若いのもいたね。こうして夕張二鉱《ゆうばりにこう》だけで朝鮮人労働者の数は六〇〇〇人にもなった。戦時中の夕張二鉱は一区から五区までに分かれて作業していたが、自分の所属した三区だけで一日三〇〇〇トンを上回る生産を上げた。今は機械が入っても全体合わせてやっとこのくらいしか生産できていない。だから、戦争中はいかにたくさん掘ったかがわかるだろう。その主力は朝鮮人だ」

「どんな仕事のやり方をしたんですか」

「朝の五時から夜の一〇時半まで働かしたね」

「一人の人間を」

「そうさ。なぜって、採炭目標《さいたんもくひょう》に達するまでは出さない制度になっていたから、自然そのぐらいの時間になってしまったんだ」

「食べ物は」

「食べ物は一食に大豆《だいず》の入った握《にぎ》り飯《めし》が二つ」

Yさんの話はリアルだった。

■ムチで打った

「しだいに、働かない者と、一生懸命《いっしょうけんめい》やる者との違いも出てきた。残酷《ざんこく》な話だが、働かない者にはムチを加えた」

「本当に」

「本当だとも。ベルトの耳を巾一寸《はばいっすん》ほどに裂《さ》いて棒《ぼう》の先につけておいて、それで打つんだな」

「そんなひどいことをして、終戦後《しゅうせんご》は怖《こわ》かったでしょう」

Yさんは頷《うなず》いた。

「そりゃそうだ。戦後すぐに会社から逃げろと言われて、岩見沢《いわみざわ》の親戚《しんせき》の家へ四週間も逃げていた」

「……」

「お国のためだから、仕方《しかた》がないと思った。そうでしょう。あの頃はみんなそう信じていた。だから逃げろと言われても自分は逃げる気はしなかった。しかし、家族のものが心配するので隠《かく》れたってわけだね」

七〇歳になろうとするこの老鉱夫《ろうこうふ》は、少しも悪《わる》びれた様子がない。国家に対する忠誠心《ちゅうせいしん》という素朴《そぼく》な感情がそうさせたのだとYさんは言う。

「朝鮮人はゲートルの中へマッチ棒《ぼう》のヤスリの部分だけを巻き込んで入坑《にゅうこう》する者があった。こうやって捜検の目をごまかしてタバコを吸ったんだ。日本人より隠し方が上手《うま》かったなぁ」

Yさんは淡々《たんたん》と語り続けた。

坑内《こうない》の火気《かき》は一切厳禁《いっさいげんきん》である。ましてや、坑内でタバコを吸うなどは論外《ろんがい》であることに、昔も今も変わりはない。こうした不心得者《ふこころえもの》を見つけるために、入坑に当たっては駅の改札《かいさつ》のような狭いところを通過《つうか》させる。ここで両手を挙げて監視員《かんしいん》に外側から体を触《ふ》れられる仕組みになっている。ハイジャック防止のために空港で行なう身体検査と同じである。これを「捜検《そうけん》」と呼ぶ。

敗戦によって、これらの朝鮮人労働者が潮《しお》の引くように去ったあと、変わって大陸からの引揚者《ひきあげしゃ》や旧軍人、果《は》ては誰となしに集まってきた人たちによって、炭鉱労働者が再編されていった。

■戦後日本の建て直し

戦時中に引き続いて戦後も石炭は増産が奨励《しょうれい》されたが、熟練した朝鮮人労働者が去った後の穴埋めにはしばらくの時を要した。しかも、戦時中の乱開発で、坑道は傷《いた》み荒《あ》れ放題《ほうだい》の状態であった。坑道《こうどう》の再整備が行なわれ、新坑《しんこう》もどんどん開発されていった。

戦後、日本経済の建て直しの中心になったのは「石炭」と「米」と「鮭《さけ》」だということを聞いたことがある。日本がもし「米」を常食《じょうしょく》としないでパンを主食としていたら、とてもこれだけ多くの国民を養《やしな》えなかっただろうと言われる。それだけ米は反当《たん》たりの収穫が多い植物だということである。それに米は何よりも連作《れんさく》が利《き》いた。一方、そのおかずとなる「鮭」は、戦中戦後に非常によく獲《と》れて、日本人の大事な蛋白源《たんぱくげん》・脂肪源《しぼうげん》になって国民の飢《う》えを救った。戦後の缶詰《かんづめ》と言えば、鮭缶《さけかん》が王様だったことを思い起こしてほしい。そして産業の唯一のエネルギー源はやっぱり「石炭」だった。これら三つが、北海道でとれていた。

■組夫たち

「組夫《くみふ》」と呼ばれる炭鉱労働者が、何時の頃から坑内に入ってきたのか詳《つまび》らかでないが、彼らが活躍し始めるのは戦後の新坑開発《しんこうかいはつ》の時代からである。前にも触れたが、「組夫」とは〝請負鉱夫《うけおいこうふ》〟のことである。一般の鉱員よりは手間は良いが、出来高払《できだかばら》い制の給金《きゅうきん》である。

彼らは三、四人から、時には一〇〇人近い「組《くみ》」を組織して炭鉱に入る。「組夫」という名称はここから出てくる。一つの組は、五、六人の親方を中心に、グループを形成している。この親方《おやかた》と一人の組夫がどんな関係かについては一様ではない。親戚《しんせき》であったり、友人同士であったり、同郷人《どうきょうじん》であったり、定年退職者同士の間柄《あいだがら》であったり千差万別《せんさばんべつ》である。

とにかく親方が自分で自分の部下を集めてくる。それぞれの組は炭鉱《やま》の中の小さな会社となっている。大抵《たいてい》は「組長《くみちょう》」の妻が経理を担当した。組の小さな事務所の中に不似合《ふにあ》いなほど大きな神棚《かみだな》が飾ってあった。小さな建設業者の事務所といった雰囲気だ。一つの炭鉱にはこうした組が五つか六つあった。炭鉱会社はこれらの組に同時に仕事を請《う》け負《お》わせた。言ってみれば大企業の下《した》請《う》け、孫《まご》請《う》けといった構図である。彼らの給与は、炭鉱会社から組へ、組から親方に渡って、それから「組夫」本人に届くのが一般である。坑内における傷病《しょうびょう》も事故の処理も最終的には各組で面倒《めんどう》をみることになっている。

私はかつて、ある小規模な組を訪ねたことがあった。ちょうど炭鉱《やま》ぐるみの閉山で、その組の組長

（社長）もどこかに職を見つけて引っ越そうとしている時だった。炭住の一つを改造した小ざっぱりした応接間に案内されると、その脇で会計係の奥さんがそろばんをはじいていた。真新しい神棚に大黒《だいこく》様《さま》が載《の》っていて、どこかの商家《しょうか》といった風情《ふぜい》であった。

■組夫の役割

「組夫」の役割であるが、坑内で組夫が採炭《さいたん》をしているというのは、まず聞いたことがない。彼らは採炭に至るまでのいわば「お膳立《ぜんだ》て」の仕事をやっているのだ。組夫は地下三〇〇メートル、坑口から二五〇〇～三〇〇〇メートルもある坑道の奥で、発破《はっぱ》をかけ、鉄のレールで枠組《わくぐ》みのアーチを作りながらトンネルを延《の》ばしていく。組夫が〝戦う〟相手は、原始の世界から初めて眠りを覚《さ》ます瓦礫《がれき》の層である。一番方《いちばんかた》から二番方《にばんかた》、二番方から三番方《さんばんかた》と、かけ持ちで人の倍も働いて、昭和四五年（一九七〇年）当時の金で一カ月に三三万円の給金をもらっていた剛《ごう》の者もいた。年齢が三〇歳前後の相撲取《すもうと》りのような体格の男で、

「日本の新坑開発《しんこうかいはつ》も北炭で終わりだろうから、ここで稼《かせ》がなくては……」

と言って、一六時間も休憩《きゅうけい》を取らずにぶっ通しで働いたという武勇伝《ぶゆうでん》を残していた。この組夫は、「石堀《いしほ》り」の日本新記録を自分で打ち立てて、自分で更新《こうしん》したともいう。

だが、炭鉱の開発が進めば、組夫の出番は減っていく。開発された新鉱には会社の〝正規部隊《せいきぶたい》〟が繰《く》り込《こ》んでくるからである。その時には組夫という特殊な部隊は用済《ようず》みになってしまうのである。そうした仕組《しく》みの中で組夫は効率的に稼がなければならない。ある年の五月三〇日から六月一六日までの

わずか一七日間で仕事を仕上げて移動していった組夫もいたという。

■組夫の定着性

親の仕事の在《あ》り方を反映してか、組夫の子どもは学校でも落ち着きがないと言われていた。また、組夫の家族は、一般の鉱員やその家族たちとも交流を持たずに自然と離れて暮らしてしまうのだと、炭住街のある区長《くちょう》が説明してくれた。確かに組夫の炭住は、同じ炭住でも一般鉱員の住む炭住から雑《ぞう》木林《きばやし》を一つ隔《へだ》てたところにあったり、炭住街からはずれた一区画にあったりする場合が多い。

「帰りに行ってみたいのですが」

という私の願いに区長は、

「行くまでのこともないでしょう」

と言った。ときどき二、三人の組夫の妻たちが、林を抜けて炭鉱会社のマーケットに買い物にきていたが、組夫の妻たちは彼女たちだけで固まって自分たちの生活を守っているように見受けられた。新坑開発が少しずつ行なわれているその炭鉱《やま》でさえ、組夫の数は五〇〇〜六〇〇人だった最盛期の頃と比べるとずっと少なくなっていた。世帯数も半減しているという。

組夫に定着性がないという問題は、炭鉱会社と組との微妙な関係に起因《きいん》している。炭鉱会社は、一人の組夫が月に二五日以上働けば社宅代を免除《めんじょ》することにしている。しかし、どんなに優秀な組夫がいても、その組夫を組から引き抜いて正式な鉱員にするようなことは絶対にしないという。会社と下請けとが互いに持ちつ持たれつの関係にある以上、それはできない相談なのであろう。たとえば掘進《くっしん》のように、ある時期に急激な需要が生まれ、その需要がなくなった瞬間に人手を減らすことができるのは、企業にとってありがたいことなのである。これは何も炭鉱に限ったことではない。人手を要する大企業が大なり小なりこうした労働者群を〝下請け〟という形でプールさせておかなければならないのと同様である。これが今日の日本経済を支える仕組みなのである。

組夫の役割が、ある線からさらに進んだ場合、今度は一般の炭鉱労働者の利害に抵触《ていしょく》することにもなりかねない。三井三池争議《みついみいけそうぎ》にもそうした背景があった。また、組夫は時にガス突出事故やガス爆発などの大惨事《だいさんじ》に巻き込まれることが多い。掘進作業という、自然に最初に挑《いど》みかかる仕事の性質から、災害に巻き込まれる確率が高いのである。

戦時中の朝鮮人労働者に比べれば、組夫はその数も圧倒的に少ないし、待遇面《たいぐうめん》では比較の埒外《らちがい》にある。しかし、たとえ手取りの金額が一般鉱員より多少良かったとしても、大企業の〝底辺《ていへん》〟にあることに変わりはなかった。大企業である炭鉱会社を〝底辺《ていへん》〟で支えている労働者の群れという点で、戦後の組夫は戦時中の朝鮮人の立場と変わりはない。〝むかし朝鮮人、いま組夫〟と言われる所以《ゆえん》である。そんな組夫制度も、北炭新坑の開発縮小とともに昭和四三年(一九六八年)をピークに半減していったのだった。

第15章　閉山

■炭鉱閉山の嵐

昭和四〇年（一九六五年）から昭和四五年（一九七〇年）にかけての〝炭鉱閉山の嵐〟は凄《すさ》まじかった。「雪崩閉山《なだれへいざん》」という言葉で表現されたが、雪国北海道で使われると、この言葉はさらにリアルに聞こえた。炭鉱会社も、労働組合も、炭住街を中心とした地域社会も、人力では抗《こう》しきれないこの猛威《もうい》の前には声も上げられないといった状況だった。全国各地の炭鉱で働く鉱員たちは「次は自分の炭鉱が閉山する番だ」と誰もが思う一方で、「親の代から続いてきた自分の炭鉱が倒れるはずはない」と信じていた。しかし閉山の嵐は収まらなかった。

一度、閉山の噂《うわさ》が広まると、裏で誰かが綱《つな》でも引いているように、炭鉱会社は確実に倒れていった。会社の役員に会ったり組合の幹部に会ったりして得た私たち報道機関の情報は、かえって当たらなかった。町の噂が一番当たったのである。今でこそ笑い話として言えるが、一番早く的確《てきかく》に閉山の動きを察知していたのはヤクルトの配達員だったという話がある。ヤクルトが配達を止めたという噂が流れると、それは閉山の前触《まえぶ》れだと炭住では真剣にささやかれた。「○○炭鉱の時もそうだった」と言うのである。ヤクルトの市場調査がそれだけしっかりしていたのかもしれない。

ヤクルトが配達中止になるという話を耳にすると、鉱員たちは目くじらを立てて怒《おこ》った。ところが、そのうち、やっぱり様子が変だということになってくる。街の商売に変化が起きてくるのである。たとえば米・味噌《みそ》・醤油《しょうゆ》といったあまり儲《もう》けの多くない商品から順に、

「今日からは貸し売りはおことわりしたい」

ということになる。月賦屋《げっぷや》が、

「値引きをするから現金払いで頼む」

と言ってくる。街全体にいよいよ閉山が間近にきたのではないかという気配が漂《ただよ》ってくるのである。

地元の商店街では、口でこそ、

「炭鉱はまだまだ続く。少なくともわれわれの生きているうちはここで商売ができる」

と言いながら、店舗《てんぽ》の改装《かいそう》や増築《ぞうちく》などといった投資《とうし》は一切《いっさい》しなくなる。新築の上棟式《じょうとうしき》など見たくてもありはしない。街中が互いに息《いき》を潜《ひそ》め、じっと様子を伺《うかが》っている。こうした中で、ひとたび炭鉱事故でも起きれば街全体が炭鉱撤退《てったい》に一気に突き進む。

会社が倒れるか倒れないかの勝負は〝秋〟であった。冬に入ってしまえば雪が降る。そうなれば、炭鉱《やま》から下りようにも下りられなくなるという炭鉱《やま》の生活事情がある。会社も組合もそれを充分に心得ているから、夏の終わりから初秋にかけて会社側の態度が決まる。会社から組合員への閉山の提示

が出ると炭鉱《やま》は急に火がついたような騒ぎになる。炭住の一隅《いちぐう》を占《し》めた組合事務所には赤旗《あかはた》が翻《ひるがえ》り、にわかに人の出入りが激しくなる。「閉山反対」の旗や横断幕《おうだんまく》が炭住のメインストリートに張り渡される。そして炭住街の主要地点には組合の監視員が立つ。「人買《ひとか》い」に備《そな》えての警備《けいび》だという。

■人買い

この「人買い」というのは、閉山するであろうと思われる炭鉱の鉱員が住む炭住にきて、いち早くほかの炭鉱への勧誘をする人間のことを指す。炭鉱はどこも人手不足《ひとでぶそく》である。人手不足による労務倒産《ろうむとうさん》もあり得る。そうなる前に、一人でも多くの熟練《じゅくれん》鉱員をほかの炭鉱から引き抜いてでも補強《ほきょう》しなければならない炭鉱が多かったのである。まだ正式に閉山と決まっていないうちから〝引き抜き合戦〟は始まるのだった。

人買いたちは、炭住街の入り口で黒光《くろびか》りのする乗用車から降りると、革《かわ》のカバンを下げて鉱員たちの家に入ってくる。ハンチングに黒革の靴……。その服装は申し合わせたようにテレビドラマの刑事を思わせるような姿である。始めはそれでも闇《やみ》に紛《まぎ》れて遠慮《えんりょ》がちにきていた。それが閉山が本決《ほんぎ》まりらしいとなると、白昼《はくちゅう》に堂々と現れる。

「人買いが来たら、すぐ組合連絡を！」というポスターが、炭住街のあちこちに貼られて、彼らが来た時には半鐘《はんしょう》を鳴らすことにもなっていた。しかし、人買いのために実際に半鐘が鳴ったことは一度もなかった。

人買い――という一種不気味《いっしゅぶきみ》な名前をつけられた人たちはいったいどんな人なのか。ひと目でそれとわかる男を発見して、私は炭住街の物陰《ものかげ》に男を引き込んで話を聞いた。

「あなたは人買いですか」

開口一番《かいこういちばん》私は訊《たず》ねた。

「まあ、そういうところでしょうな」

私のぶっきらぼうな質問に、五〇歳前後の赤ら顔の男は、嫌な顔一つせずに答えた。

「成績はどうです？」

「この炭鉱はまだ正式に閉山と決まったわけではないから、何とも言えません」

「しかし、閉山になったら遅いんでしょう？」

「そりゃそうです。だから、こうして……」

「支度金《したくきん》は出したんですか」

「まだ誓約書《せいやくしょ》の用紙を置いてきた段階で……」

「〝人買い〟という言葉をどう思いますか」

「いや、別に悪いことをしているわけではないんだから……別に。私も昔はここで働いたこともあるんです。だから、今度はその時のご恩返《おんがえ》しのつもりで、こうしてやってきて、古い仲間を訪ねているんです。いくら人手不足の世の中だって、こぶ付きの四十男を炭鉱以外のどの職場が雇《やと》ってくれますか」

彼はそう言うと、運転手付きの車の中に消えていった。これから当分の間は近くの宿に落ち着いて、あの手この手の作戦を練《ね》りながら、炭住深く潜行《せんこう》していくのだろう。彼らのいる宿に鉱員を家族ぐるみで呼んでご馳走攻《ちそうぜ》めにしてしまうという方法もあると聞いた。

■閉山の山場――全山大会

閉山の最後の山場《やまば》は、会社側と労働組合側が討議《とうぎ》する〝全山大会《ぜんざんたいかい》〟である。ここで組合側が会社側の閉山提案をのむか否《いな》かが討議される。しかしここで組合側が閉山提案を会社側に返して閉山を回避《かいひ》したという例はまずない。どの大会も例外なく荒《あ》れに荒れて過激《かげき》な発言が乱《みだ》れ飛びはするが、結果的にそれが閉山を覆《くつが》すようなことはない。会社側の大胆な合理化案《ごうりかあん》を組合がのんで、再建に踏《ふ》み出した住《すみ》友石炭歌志内鉱《ともせきたんうたしないこう》の場合は例外中の例外であったが、結局はその後の事故が引き金となって閉山してしまった。

全山大会の前に、組合側は、広くもない炭住街でデモ行進をしたり、閉山の回避を求めて代表者を東京の本社や国会議員のもとに送り込んだりする。通産省にも陳情《ちんじょう》する。だが、やがて全山大会の日がくる。外から見ると、それまでの組合側の行為のすべてがまるで閉山に向かっていくための一種の儀式《ぎしき》のように見えた。

全山大会で閉山が決定する。意味不明《いみふめい》の拍手《はくしゅ》が湧《わ》く。涙ながらに「今後は行く道は違っても互いに励《はげ》まし合いながら生きていこうよ」というような決意が組合委員長から述べられる。組合員たちは茶《ちゃ》碗酒《わんざけ》を酌《く》み交《か》わし、その炭鉱の歴史に終止符《しゅうしふ》が打たれたことを実感する。もうこの段階になると、組合員たちの半数以上が再就職先が決まっているから、気の早い者は、その日のうちに炭鉱《やま》を下《お》りていく。最後の給与と退職金が一人ひとりに支払われる。

驚いたことに、その金を目当てに一流銀行の行員が、組合事務所の前にずらりと並び、鉱員にチラシやマッチを配って笑顔で当行へ貯金するように呼びかけている。傍《そば》で見ていて空々《そらぞら》しい感じがする。

■炭住との別れ

齢《とし》の若い者から再就職先が決まり炭鉱《やま》を下りていく。高齢者や事故で働き手を失った未亡人、病気の家族などが最後に取り残される。すっかり家具を送り出した後で、鉱員を中心に車座《くるまざ》になって家族で冷《ひ》や酒《ざけ》を飲んで明日の出発を待つ家がある。その一方で、壁板《かべいた》一枚をはさんだ隣《とな》りの家では、家具はそのままで、小学生の娘と未亡人が寂しく座っていたという風景もあった。雪が降るまでに自分たちがどうなるのか、と子どもも心配しているようで哀《あわ》れであった。

炭住街のあちこちで、毎日ゴミを焼く煙《けむり》が上がる。古びた乳母車《うばぐるま》・子どもの橇《そり》・長靴《ながぐつ》・洋傘《ようがさ》・壊れたおもちゃ・絵本・ランドセル・スリッパ……。電気洗濯機や埃《ほこり》をかぶったテレビも捨てられる。古い家具や道具類はスペースばかりとって都会生活には向かないから思い切って捨てる家が多いのだという。いわば炭鉱《やま》の大掃除だ。野犬《やけん》になるといけないというので、飼い犬は子どもの手から保健所の車に乗せられる。子どもたちと飼い犬との涙の別れである。そして残った人たちの気持ちをかりたてるように、空《あ》いた炭住から解体作業が行なわれてゆくのだ。炭住の解体作業は当面行くあてのない鉱員が一戸当たり三〇〇〇円の請負料《うけおいりょう》で会社から依頼される。今まで自分たちの住んでいた家を、お金をもらって壊《こわ》すという寂しい作業である。初老の夫婦が手ぬぐいを鼻に当てながら梁《はり》に結んだロープを引くと、古びた炭住は二人の力だけであっさりと倒れた。真っ黒な埃がぶわっと舞い上がる。

北海道空知《そらち》地方の沼田《ぬまた》地区にあった明治炭鉱、太刀別《たちべつ》炭鉱、雨竜《うりゅう》炭鉱のいわゆる「沼田三山《さんざん》」の閉山は、ものの見事に地域社会を崩壊《ほうかい》させた。高齢者や女性、子ども、病人といった残留組《ざんりゅうぐみ》は一、二棟を残しただけの炭住に移された。炭鉱の坑口《こうぐち》は分厚いコンクリートの壁で封《ふう》じられた。かつて数千人が住んだ炭住街が北海道の大自然の中に消えていった。石炭の輸送がなくなれば鉄道の線路までがはずされてしまう。これから先、この山奥には営林署《えいりんしょ》の山廻《やままわ》りの職人と獲物《えもの》を追うハンター以外の人が行くことはないだろう。

■雨竜炭鉱の組合の委員長

「元の自然に還《かえ》るのは、たった三年くらいだということです。親の代からここに入って、この年齢までここ以外のところに住んだことがないというのに……。でも最後の一人を見送るまで頑張るつもりです。女房はもう長いことはないだろうというのですが、札幌の病院に置いたままです」

古びた組合事務所を訪ねると、組合旗《くみあいき》を前に雨竜炭鉱のF委員長が、がらんとした部屋で分厚《ぶあつ》い帳簿《ちょうぼ》を引《ひ》き裂《さ》きストーブの火にくべながら酒を飲んでいた。

「こうした帳簿も正確に付けてあるんです。組合員から集めたお金はビタ一文《いちもん》間違っていませんよ」

F委員長はそう言いながら泣いていた。

「こんなに団結して、最後まで闘った組合はなかったでしょう。えらい争議をいくつもくぐり抜けてきたんです。一時は激しいこともやりました。しかし、今は自らの道を求めて自爆《じばく》したんですわ。自爆をね。それも組合員と家族の将来を考えて、あえてそうしたんです」

確かに雨竜炭鉱の場合は、一般の閉山よりも三カ月～半年早く閉山が決定された。炭労《たんろう》（日本炭鉱労働組合）などの慰留《いりゅう》もふり切って、自ら閉山の道を急いだのである。石炭から石油へのエネルギー革命の嵐の中で、なんとか炭鉱《やま》を持続させたとしても、せいぜい来春までの命。それならいっそ雪のくる前の撤退の方が、彼らの口を借りれば、「なんぼかマシ」と判断したからだ。事故を起こしたからではない。〝雪〟が彼らを急がせたのだ。

「明日はこの事務所の前で一人で組合旗を焼くんです」

そのことは先ほどから何度も聞いていた。ずんぐり太った四五、六歳のF委員長は、すっかり感傷《かんしょう》的《てき》になっていた。確かについ三時間ほど前までは、この部屋にはいっぱいの人で溢《あふ》れ、茶碗酒を酌み交わして最後の「万歳《ばんざい》！」をしたばかりだった。

「ここでは鈴木とか田中とかは言わないんです。おーい太郎、おーい次郎で、子どもの時から呼んできた名前がそのまま通用していたんです。それがみんな散《ち》り散《ぢ》りになりました」

F委員長の話は続く。

組合事務所を辞《じ》した後、夕暮れの炭住街の小径《こみち》で出会った高齢の女性が言っていた。

「これで子どもの故郷《ふるさと》がなくなります。そうでしょう？　人の住まない山奥に帰れますか。私もそれを一番寂しく思います。一番寂しいですよ」

その女性は背中の孫を振り返りあやしながら、自分に言い聞かせるように言った。炭鉱《やま》の誰もが寂しいのだった。

■看板の掛け替え

ここで私は第4章・第11章でも触《ふ》れた閉山屋《へいざんや》のことを思い出した。もっと鉱員たちの負担を減らす閉山のやり方があるような気がするのだ。

きっかけは、閉山の時の鉱員たちが手にした退職金《たいしょくきん》の額の驚くほどの低さであった。一人が受け取る退職金の額は昭和四四年(一九六九年)当時で二〇〜五〇万であった。理由は簡単である。それは彼らが最初に勤めた大会社が、何年か前に手を引いており、その時点で鉱員たちは一度わずかな退職金をもらって、そのままの職場で第二会社に再就職をした形になっているからである。第二会社《だいにがいしゃ》は看板を掛《か》け替《か》えて、親会社とは表向きの関係が断《た》ち切《き》られている。したがって、閉山時点で支給された彼らの退職金は、それが第二会社の退職金である以上、大きな額にはならないのである。資本や設備をそのまま引き継いだ第二会社が、親会社とまったく無関係であるはずがない。しかし、法人組織《ほうじんそしき》というものはそういうものではない。あくまでも親会社は表向《おもてむ》きの形式で動いていく。そして閉山。

親会社から第二会社に移行する場合、たとえ退職金が充分でないとしても、第二会社で今後の生活の保障《ほしょう》があると思えば、あまり文句は言わずに移った方がいいのではないかと誰もが考えるだろう。だから意図的に第二会社を作ったのだ、とまでは言わない。しかし、結果的にはそういうことになる例が多い。大資本の直接経営のまま完全閉山を迎えた例はまず少ないからだ。

それはちょうど、走行中の機関車《きかんしゃ》から切り離された最後尾《さいこうび》の客車《きゃくしゃ》のようなもので、機関車に当たる大資本は、力のある職員と、黒字経営を上げている客車だけを引いて先へ行ってしまう。そこで切り離された最後尾の客車は、たちまち安定を失ってひっくり返る。それでも力の強い者は、なんとか自分で這《は》い出そうとするが、高齢者や病人や母子家庭《ぼしかてい》の女性や子どもはもう誰も救ってくれない。亡き夫の会社のあるうちは、洗炭場《せんたんじょう》や厚生部《こうせいぶ》の仕事があり、炭住にも住めてなんとか暮らせた母子家庭も、ここで完全に干上《ひあ》がってしまう。これらの人たちが最後に辿《たど》り着く先は、地方自治体の生活保護《せいかつほご》である。

■赤平市の減収

炭鉱の街・赤平《あかびら》市の昭和四四年(一九六九年)度の歳入《さいにゅう》は国からの地方交付税《ちほうこうふぜい》を含んでざっと一七億円。それが雄別炭鉱茂尻鉱《ゆうべつたんこうもじりこう》の閉山で一挙に四五一四万円の減収となった。もともと一七億円とはいっても、これは市役所職員の給与を始め、確実に必要とする財源を入れた総合計である。国からの指定によって、出先《でさき》の決まった金も含まれている。したがってこれらを差し引いて、純粋に赤平市が使える、いわば自由財源《じゆうざいげん》となると、わずかに四億二五〇〇万円しかないと市職員は説明する。鉱山税《こうざんぜい》しかり、固《こ》定資産税《ていしさんぜい》しかり、市民税《しみんぜい》しかり、そして人口の減った分のタバコ消費税《しょうひぜい》などが軒並《のきな》み減少する。この結果、赤平市の昭和四五年(一九七〇年)度の自由財源は三億七九八〇万円に落ち込んでしまった(第20表)。

その上、茂尻鉱の閉山に伴う当座の赤平市の出費は、母子家庭や生活保護世帯の生活保護費、それらの人たちの入る家を会社から購入する費用、中央官庁や誘致《ゆうち》企業に対する陳情運動費《ちんじょううんどうひ》用、閉山に伴って会社の設備で水道を飲んでいた人が市の水道に切り替えるための上水道建設費《じょうすいどうけんせつひ》、必要な用地や私道《しどう》の買収費《ばいしゅうひ》などで、国の補助を差し引いたとしても二億四六〇〇万円は必要最小限の出費ということになる(第21表)。先ほどの自由財源三億七九八〇万円から二億四六〇〇万円を差し引くと一億三三八〇万円が昭和四五年度の赤平市の自由財源という計算になる。

これでいやしくも一つの市が一年間まかなわれていくのであるからいったいどんな市民サービスができるのか。落《お》ち目《め》になると出費ばかりがかさんでどうにも身動きができなくなってしまうのは、炭鉱会社ばかりでなく、地方自治体もまったく同じなのである。炭鉱会社の撤退は街にこうした未来を残していったのである。

第20表　赤平市の自由財源

昭和44年度	4億2,500万円
茂尻鉱閉山にともなう減収	－4,514万円
（内訳）	
	－1,500万円……鉱山税
	－1,700万円……固定資産税
	－500万円……市民税
	－520万円……タバコ消費税
	－214万円……その他
昭和45年度	3億7,986万円

（赤平市調べ）

第21表
茂尻鉱閉山にともなう赤平市の出費

（　）内は国庫補助

生活保護費（30世帯）	1,440万円（1,100万円）
母子住宅など新たに建てたもの	7,000万円（4,000万円）
建物買収費	1,000万円
陳情運動費	300万円
上水道施設のやり直し	3,600万円（800万円）
企業誘致のための用地買収費	3,330万円
その他の用地買収費（15,000坪分）	7,400万円
地元融資	250万円
その他	8,280万円（2,100万円）
合計	3億2,600万円（8,000万円）

3億2,600万円－8,000万円＝2億4,600万円

（赤平市調べ）

第16章　女性たち

■一五歳の妻

あれはいつの事故だったろうか。事故にあった鉱員には一五歳の妻がいた。夫が坑内《こうない》に閉じ込められて絶望《ぜつぼう》ということで、悲嘆《ひたん》にくれていた。その家には彼女の父親もいて、夫婦で面倒を見ているらしかった。夫の突然の事故でこの先どうしたらよいのか――若い妻の嘆《なげ》きを記者たちは記事にしようとしていた。が、

「一五歳の人妻……。だが待てよ。一五歳では結婚は認められないだろう」

と誰かが言い出した。

「親の承諾《しょうだく》があっても一六歳以上でなければ……」

当然結婚はできない。それは法律の定めるところだ。

「妻とは書けない」

ということになった。ところが、すぐその翌日から実は一六歳だったということになった。

「気持ちが動転《どうてん》していて間違えた」

と本人は言う。いくら気持ちが動転していても、自分の年齢《ねんれい》を間違えるものかどうか。この若い妻の夫は、それからかなり経過して奇跡《きせき》の生還《せいかん》をした。まずはめでたしめでたしであった。

その後、ある記者から「やっぱり彼女は一五歳だったのではないか」という話が出た。

「気が動転して間違ったということだったんじゃないか」

傍《かたわ》らにいた一人が言った。

「気が動転すればつい本当のことを言ってしまわないとも限らない」

「いやに確信があるようだが」

「別に戸籍を調査してきたわけではないけれど、なんとなく自信がある」

「なぜ？」

「なぜって一五歳じゃ妻として法律上認められない。そうなれば、もし夫が死亡した場合、妻として夫の保障《ほしょう》をもらえなくなるかもしれないじゃないか」

「なるほど。それで誰かが入《い》れ知恵《ぢえ》をしたっていうわけか」

一同苦笑《いちどうくしょう》して幕《まく》となった。突然の事故はさまざまな人間模様《にんげんもよう》を一気に表面化してしまうものだ。以前起きた航空機事故の時はこんなことが起こった。落ちた飛行機には夫婦が乗っていて二人とも犠牲になった。ところが妻の名で乗っていたのは妻ではなく別の女性だった。本当の妻はそのことをニュースで知った。

■鉱員の妻たち

そんな特異な話は別として、一般に炭鉱《やま》の女性たちはみんなしっかり者である。そして働き者だ。農家の手伝いにも出かければ、道路工事の出面《でめん》(日雇《ひやと》い)仕事や、練炭《れんたん》づくりのアルバイトもやる。「練炭づくり」とは洗炭場《せんたんじょう》から流れ出た石炭のカスを河岸《かわぎし》に作った池に沈殿《ちんでん》させ、それを固《かた》めて練炭にする仕事である。

そうした炭住の女性たちの生活を、根《ね》こそぎ壊《こわ》してしまうのが炭鉱事故である。事故の知らせを聞くと、女性たちは必ずと言っていいほど自分の夫の浴衣《ゆかた》を抱《かか》えてすっ飛んで行く。浴衣に着替えさせて、少しでも早く楽な気持ちにさせてやろうという気持ちの表れなのだろう。たとえそれが死出《しで》の旅《たび》の衣《ころも》となろうとも。

事故の取材に一緒に出かけていたカメラマンの一人がこんなことを言っていた。

「俺も小学生の頃、お袋《ふくろ》と一緒に親父の着物を持って、この人たちと同じように坑口《こうぐち》へ走ったことがある。わぁわぁ泣きながら夢中で走ったよ。幸い親父は怪我《けが》だけですんだけれど、今考えても恐ろしい気持ちがする」

炭鉱出身の彼の説明には実感がこもっていた。

「若い女性の中には、夫の担架《たんか》を見てひっくり返ってしまう人がいる。履物《はきもの》を脱ぎ捨てて裸足《はだし》で追いすがる人もいる。しかし中年以上の女性たちは、さすがにそれほどの取《と》り乱《みだ》しはしない。浴衣を持って駆《か》けつけるのもだいたいは年配《ねんぱい》の女性たちだ。彼女らは悲しみや苦しみをじっとこらえている。その方がよほど悲しみが深いんじゃないかと思うよ。それが証拠に、一年も経てば、若い女性は事故のことなど忘れたように、もう再婚してしまっている場合が多い。それに対して比較的年配の女性たちは、子どもたちの面倒を見ながら、女手《おんなで》一つで必死になって働いていることが多い」

先輩アナウンサーの一人がそんな話をしてくれたことを思い出す。

■妻たちの組合問題

炭鉱の女性たちの平和な日常生活に影《かげ》を落とす一つの問題がある。それは〝組合問題〟である。「第一組合」と「第二組合」がいがみあった時、それはそのまま炭住街《たんじゅうがい》に住む妻たちの深刻な対立となって現れる。子どもまでそれに巻き込まれる。

第一組合に属する夫を持つ妻は、第二組合に属する夫を持つ妻とは口もきかない。買い物も一緒に出かけない。

「第二組合の人の玄関の戸口《とぐち》に、一軒《いっけん》、一軒、墨汁《ぼくじゅう》で「犬」と書いて歩いたんです。会社に尻尾《しっぽ》ばかり振る犬畜生《いぬちくしょう》と同じだというんです。そして別々の集会所に集まっては、双方とも一晩中議論したものです。それも今になってみれば、なんであんなことをしたのかと不思議に思うくらいですよ。閉山《へいざん》してしまえば結局同じですものねえ」

閉山した炭鉱《やま》のある婦人会長の述懐《じゅっかい》だ。

■企業誘致

歌志内《うたしない》市は、炭鉱を除くと産業のない街だった。狭《せま》い川と鉄道と一本の道路があって、道路沿いに商店街が細長く延びている。住友石炭赤平鉱業所《すみともせきたんあかびらこうぎょうしょ》歌志内炭鉱の閉山後は、ほかの街と同様、活気《かっき》のない街になってしまった。表通《おもてどお》りの商店街も空《あ》き家《や》が目立つようになった。市も企業誘致《きぎょうゆうち》に東奔西走《とうほんせいそう》したがなかなかうまくいかない。

「いくら宣伝しても所詮《しょせん》は炭鉱の街。石炭の出るような山の中に大きな企業がくるわけがありません。交通は不便だし、ご覧の通り企業の立地面積《りっちめんせき》もない。応《おう》じてくるのは、ほとんどが個人企業に毛の生えた程度の会社か、そうでなければ誘致《ゆうち》の特典《とくてん》ばかりを狙ってくるようなものばかり。炭鉱の街は不景気だから、安い労働力でたくさんの人が使えるという程度の認識だ。最初から見通しが甘過《あます》ぎる。こちらも始めはなんとかしなきゃと、溺《おぼ》れる者の心境《しんきょう》で、あまり調査もせずに企業の誘致に走ったきらいがなくはない。でも結果はやっぱり駄目。エネルギー革命の嵐の前に、一市町村が自分の力だけでもがいても所詮どうなるものでもありません。国や北海道がもっともっと面倒を見るべき性質のものでしょうね。われわれは犠牲者ですよ」

歌志内市長の言葉は、万策尽《ばんさくつ》きた中小企業の主人の発言に似ていた。

あの頃、歌志内に誘致された企業でその後も伸びていった企業は三社だった。ワイシャツの縫製《ほうせい》工場と馬具《ばぐ》工場、それになめこ工場である。馬具工場はアメリカ向けの乗馬《じょうば》用の鞍《くら》とかベルト、轡《くつわ》、鞭《むち》などを作る皮製品の企業で、その後のスポーツブームに乗って景気がいいということだった。なめこ工場は、市の古い寮《りょう》を譲《ゆず》り受けて、棚《たな》に壺状《つぼじょう》のものをたくさん並べて菌《きん》を植え、出てきたなめこをポリエチレンの袋に詰めて札幌などの都市部に出荷する。

誘致された最大の企業である縫製工場には、女性の従業員八〇人が雇用《こよう》された。東京の有名メーカーの製品を縫《ぬ》い上げ、大きな袋に詰めて貨車《かしゃ》で東京に直送する。そして東京でアイロン仕立《じた》てをして、箱に収めて売るという段取りだった。しかしこれは長続きしなかった。

流行の激しい商品は、量産《りょうさん》がきかないうえに需要《じゅよう》の変化が早い。緊密《きんみつ》な情報交換ができない〝遠隔《えんかく》の地〟では結局うまくいかなかったということだろう。閉鎖《へいさ》された工場のガラス窓から中を覗《のぞ》くと、従業員さえいれば今にでも動き出しそうな状態できちんと並べられたミシンの上には白い布がかけてあった。夫を炭鉱事故で亡くした女性も何人か雇《やと》われていたという。

縫製工場が駄目になって間もなく、なめこ工場が全焼《ぜんしょう》した。街にとってはまさに泣《な》きっ面《つら》に蜂《はち》である。なめこは室内の保温が大切で、そのため一晩中ボイラーを稼働させている。出火《しゅっか》の原因はそのボイラーの過熱《かねつ》だった。一度出火すれば、もともとが古い木造の建物だったから、ひとたまりもない。あっという間に全焼してしまった。棚の上から落ちたガラスの壺やビニール鉢《ばち》が、生焼《なまや》けのなめこと一緒に北海道の氷点下《ひょうてんか》十数度の寒さの中で凍《い》てついている火災跡の現場は、あまりにも無残《むざん》であった。

「雑菌《ざっきん》が少しでも混《ま》じらないように、マスクをして、手を消毒《しょうどく》し、お喋《しゃべ》りもしないで菌を植え付けるので、そりゃあ大変な気《き》の遣《つか》い様《よう》です。唾《つば》が飛んでもいけないというので」

なめこ工場で働いていた女性の話である。

「部屋の中は暑いんですよ。でも、ものを育てるというのは気持ちが和《なご》みます。〝土方《どかた》仕事〟や、〝炭《たん》カス拾い〟に比べればましな仕事です。せっかく軌道《きどう》にのってきた矢先《やさき》だったのに」

工場が火事だと聞いて、まず夫を炭鉱に送り出して、今夜は工場長さんが宿直《しゅくちょく》しているはずだと、すぐに自分も火災現場にすっ飛んで行ったという人がいた。そんな炭鉱《やま》の女性たちの心情《しんじょう》を思う。彼女たちは働く場所を失ってしまった。

なめこ工場の火災で一番打撃を受けたのは、母子家庭《ぼしかてい》の母親たちだった。役場がいろいろな特典を与える代わりに誘致企業に母子家庭の女性たちを一人でも多く雇うように要請していた。子どもの養育《よういく》のためにパートタイムでしか働けない、元来が病気がちのために重い労働に耐えられない……。そうしたハンディを背負《せお》った女性たちにとって、工場は唯一《ゆいいつ》の働き口だった。

「また、生活保護のお世話にならなければならなくなります。皆さんのおかげで生きていくのは申し訳ないと思うんですが」

そう言って女性の一人は、なめこ工場から持って帰ってきたというビニール製の鉢を、わざわざ台所へ取りにいった。三回ほどなめこを刈り取《かと》って出荷した後の、いわば捨《す》て株《かぶ》だそうだが、そこに生《は》えた四度目のなめこを刈れば、それでも味噌汁《みそしる》の足しになるのだと説明した。おがくずの土壌《どじょう》から白いなめこが盆栽《ぼんさい》のように規則正しく伸びていた。

■しょっぱい河を渡る

北海道の人は本州のことを「内地《ないち》」と呼ぶ。津軽海峡《つがるかいきょう》を「しょっぱい河《かわ》」とも言う。しかし、そんな「内地」はもとより、札幌にも出たことがないという人がこの街には結構《けっこう》多いのである。ことに炭住《たんじゅう》の女性たちは、まず外に出る機会がなかった。そんな女性たちが、相次《あいつ》ぐ炭鉱の閉山と、それに代わる企業誘致の行き詰まりから、千葉県や埼玉県などの新設の工場に家族ぐるみで移住していくことが増えた。札幌に出る機会もないままに、いきなり「しょっぱい河」を渡って移住していく女性たちを思うと、胸が痛んだ。北海道開拓《かいたく》時代に、彼女たちの先祖《せんぞ》が悲壮《ひそう》な決意でこの海峡を渡ったことに比べれば比較にはならないのかもしれない。しかし、初めての都会生活に、「炭住」という極端に小さな地域社会から、家族できなり飛び込んでいく彼女たちを想像してみてほしい。交通戦争も、物価高《ぶっかだか》も、近隣関係《きんりんかんけい》も、見るものも聞くものもすべてがおそらく彼女たちの想像の埒外《らちがい》にあるはずだ。都会に出ていった炭鉱《やま》の女性たちは、その後どうやって新しい生活に溶け込んでいるのか。

■薪割り

夏の終わり。北海道では薪割《まきわ》りや石炭の買い込みが始まる。だが、内地へ移住する人たちは買い込んだ薪も石炭も処分していく。移住の目途《めど》が立たない家庭は、薪を軒下《のきした》にうず高く積み上げてゆく。チーン、チーンという、動力鋸《どうりょくのこ》が薪を切る物寂《ものさび》しい音は、この季節の風物詩《ふうぶつし》である、炭鉱の街のある一軒の呉服屋《ごふくや》の前で、一心《いっしん》に薪を切る高齢の女性がいた。動力鋸は使わずに、昔ながらの大きな鋸《のこ》で木をひいている。この店の奥さんかと思って声を掛《か》けると、意外にも、

「賃仕事《ちんしごと》で切らしてもらっているのです」

という答えが返ってきた。炭鉱《やま》の女性たちはみな必死であるが、悲壮感《ひそうかん》はない。賃仕事をくれた商店に心から感謝をしているように私には見えた。

第17章　再生の兆し——三菱大夕張炭鉱、一九七〇年

■ステンレスの流し台付きの住宅

「私のところは新鉱開発《しんこうかいはつ》で急に景気《けいき》がよくなったんです。一度、騙《だま》されたと思って見にいってご覧《らん》なさい。これまでは六軒の商店が細々《ほそぼそ》と営業していただけなのですが、今や軒並《のきな》み二階建ての本建築《ほんけんちく》に変わって、スーパーのようなお店もできました。遊園地も立派に整備され、人口も急激に増えたので、幼稚園《ようちえん》では職員室を小さくして教室を増やしたぐらいです」

北海道の中心都市・札幌での、行きつけの理髪店《りはってん》の女性理容師《りようし》の話である。石炭産業の斜陽《しゃよう》の時期にそんな馬鹿なことがあるものかと、鬚《ひげ》をあたってもらいながら半信半疑《はんしんはんぎ》に聞いていた。

「雄別炭鉱《ゆうべつたんこう》の閉山《へいざん》で、こっちに人がたくさん集まってきたから、逆に良くなったそうです。炭住も全部新築で、ベランダ付き。台所にはステンレスの流し台があって、それは近代的なんです。こんなに大きなステンレスの流し台です」

彼女はステンレスという言葉に力を込めて繰《く》り返《かえ》した。私は思わず苦笑《くしょう》した。なるほど、若い女性にとって顔の映《うつ》るような清潔《せいけつ》な流し台は魅力的に違いない。しかもベランダ付きの炭鉱住宅となれば、これまでの炭住の暗いイメージからは想像もできないほどの変化だったに違いない。彼女は話を続けた。

「共同浴場もそれは立派できれいなんです」

「ほう」

「今までは一般の人は入れなかったんですが、新しく建《た》て直《なお》されてからは、一般の人にも開放してくれるようになったんです」

「なぜ？」

「宣伝のためだろうということです」

「炭鉱の街がこんなに明るくなった、というわけかな」

「そうでしょうね、きっと。一般の人は月極めで二〇〇円で入れてくれます」

「一カ月たったの二〇〇円！」

「ええ」

「石炭は売るほどあるから、ってわけなんだね」

「そうですね。でも炭鉱の生活はこんなにも安上がりで、しかも設備が整っていて、恵まれているんだということをPRしたいんじゃないかしら」

「なるほど」

それが本当だとするならば、これは一つ見ておかなければならないと私は思った。しかし、本当にそんな炭鉱《やま》があるのだろうか。〝狐《きつね》に鼻をつままれる〟とは、こんな話のことを言うのではないか。

場所は炭鉱の街・夕張市《ゆうばりし》の本町《ほんちょう》から南へさらに離れた山の奥だという。夕張本町に対して「南大夕張《みなみおおゆうばり》」と呼んでいるそうだ。夕張本町がいわゆる夕張炭鉱の本拠地《ほんきょち》とするならば、南大夕張はいわば新興地帯である。彼女はこの地区の営林署《えいりんしょ》で働いていた人の娘さんだから、詳しいのは当然だった。

「私の中学の同級生で、この炭鉱に入って働いている人が何人かいるんです。月に六万円から、多い時には七万円もとるんですって」

「君の同級生ならかなり若い人だろう」

彼女は笑いながら小声で、

「二〇歳《はたち》」

と答えた。中学卒の二〇歳の若者が、昭和四五年(一九七〇年)当時で月に七万円の稼《かせ》ぎがあると聞いて私は驚《おどろ》いた。

「自宅から炭住街を通って鉱業所《こうぎょうしょ》まで、毎日マイクロバスが送《おく》り迎《むか》えをしてくれるので、雨の日でも傘《かさ》がいらないんですって」

「本当かい?」

今まで私が見てきた炭鉱でそんなところは一つもなかった。

■夕張へ

週末、夕張市の自宅に帰るという彼女を乗せて私は自家用車を走らせた。札幌から車で一時間半で夕張本町に入った。

煤《すす》けた炭鉱の街の独特の佇《たたず》まい。昭和三四、三五年頃には一二万人もいたという夕張市の人口は、この時八万人を割っていた。それでも北海道の炭鉱のメッカだけあって、ほかの炭鉱の街と比べればまだまだ活気があった。街のほぼ中央の丁字路《ていじろ》で、私たちは通《かよ》い慣《な》れた本町とは反対に向かう。それから車は砂埃《すなぼこり》の舞《ま》う道をガタガタと南へ走った。農家や道路沿いに点在する軒先《のきさき》の低い家々を眺《なが》めながら、目的地まではそれからかなりの時間がかかった。

車はいつの間にか、全く新しい街並《まちな》みに飛び込んでいた。区画整理《くかくせいり》の行なわれた幅広い道に素晴らしく広い間口をとった大型の商店が並んでいる。食料品店・洋品店・雑貨店・スーパー形式の大型店・美容院・理髪店……。道の両側には歩道も建設中だった。食堂や飲み屋も営業していた。建築の足場を組んで、大工《だいく》や左官《さかん》が忙しそうに働いている。まさに将来への期待を、新鉱開発一つにかけて、新しい街が誕生しつつあるのであった。

「いや驚いた。君の言ったとおりだ」

私はただただ驚嘆《きょうたん》しながら、この新興の街並みを眺めた。

■三菱大夕張炭鉱の採算見込み

「三菱大夕張炭鉱《みつびしおおゆうばりたんこう》株式会社」。新しい門構《もんがま》えの事務所の屋根にはペンキの臭《にお》いがするような真新しい文字がペイントされていた。植《う》え込《こ》みの大きな赤い花がみごとであった。

総務課長の佐々木一雄さんと対面した。

「ここだけの資産が一〇〇億円です。生産設備の半分は無利子《むりし》の政府資金。あとの半分のうち開発銀《かいはつぎん》行《こう》からの借り入れが二〇パーセント、自己資金《じこしきん》が三〇パーセントです。開発銀行から借りた分は六・五パーセントの利子を払います。しめて一〇〇億円」

「当然それだけの利益が出ると考えたから始めたことでしょうね」

と私は聞いた。

「一〇〇パーセント原料炭《げんりょうたん》です。赤平《あかびら》にしても奔別《ぼんべつ》にしても、五〇パーセントから六〇パーセントが原料炭で、残りは一般炭《いっぱんたん》でしょう。ご存知のようにエネルギー革命によって石油にとって代えられたのは一般炭です。原料炭は世界的に不足していて高値《たかね》の傾向にあります。そうなると国内の原料炭はむしろ成長産業です。これからは供給《きょうきゅう》に精一杯《せいいっぱい》の原料炭時代がやってくるのと違いますか」

なかなかの鼻息《はないき》である。

「ほかの炭鉱《やま》がどんどん潰《つぶ》れていって、ここでは逆に労働者の募集が順調だと聞きましたが」

「確かに着工《ちゃっこう》した当時とは大分違います。先ほども美唄《びばい》炭鉱から五〇〇人、雄別茂尻《ゆうべつもじり》炭鉱と明治炭鉱から三〇〇人がまとまってきてくれました。しかし、フル操業《そうぎょう》すれば一五〇〇人ばかりの鉱員が必要ですから、まだ一五〇〇人の不足です」

「フル稼働《かどう》はいつになるのです」

「いちおう年内(昭和四五年)にはもっていきたいと思っています。昭和四一年(一九六六年)一月に着工して以来、これまでは土台《どだい》づくりでした。土台は一朝一夕《いっちょういっせき》には作れません。これが石炭産業の難《むずか》しいところです。しかし、フル操業になれば年産九〇万トンを目標とします。それには・カ月二五日の稼働と考えて、一人の鉱員の能率が月に八〇トンということになります」

「八〇トン！」

　私は思わず声を上げた。

「そうです。大雑把《おおざっぱ》に計算して一〇〇〇人で月産八万トン、一二カ月で九六万トンということになります。年内に九〇万トンは夢ではなくなるわけです」

「なるほど。その通りにいけばそういう計算になりますね。しかし、一人当たりの能率を八〇トンまでどうやって引き上げられるものでしょうか」

■一人当たり月八〇トンの生産

　ここで第9表（一〇九頁）をもう一度見ていただこう。この表の能率のグラフを見てもわかるように、昭和三三年（一九五八年）当時、一三・九トンだったものが年毎《としごと》に上昇して昭和四五年（一九七〇年）にはついに六一トンに達している。一人が一二年前の実に四・五倍の生産を上げている。

　それだけでも驚きなのに、さらに二〇〜三〇トンを上積みすると言うのだ。

「ここにはでき得《う》る限りの技術革新《ぎじゅつかくしん》があるんです。一例を挙げれば、石炭を搬出《はんしゅつ》するベルトコンベアですが、今まではせいぜい二〇〇〜三〇〇メートルだった一区切《ひとくぎ》りの長さを一五〇〇メートルと五倍以上に伸ばしました。そしてベルトはゴムからナイロンに強化されました。まずこれでかなりの人手《ひとで》が省《はぶ》けて能率が上がります。しかもナイロンは不燃性《ふねんせい》です。

保安《ほあん》については、構造的《こうぞうてき》に物事《ものごと》を考えて坑道《こうどう》を広くとり、坑口《こうぐち》は五つもつけました。通気《つうき》をよくするために、調節可能《ちょうせつかのう》な大型扇風機《おおがたせんぷうき》が取り付けられ、坑内《こうない》の空気を絶えず新鮮なものにしています。四つある切羽《きりは》では火源《かげん》を持たないように、すべて圧縮空気《あっしゅくくうき》で作業を進めます。ですからまず安心して生産に打ち込めるんです。しかも……」

「しかも……」

「ベルトコンベアーの状況からメタンガスの発生状況まで、坑内の何カ所かに取り付けられた計器からの情報が〝地上のコンピューター〟に取り込まれ集中管理《しゅうちゅうかんり》されているのです」

「コンピューターで」

「そうです。地上の管理室で坑内の一切《いっさい》の集中管理ができるのは、おそらく世界でここが初めての試みでしょう」

佐々木課長は得意な表情であった。

なるほど。コンピューターで地下のガスの発生状況を確実に捉《とら》え、危険を予知して作業を休止させたりするなど、しかるべき手当が地上からの指示《しじ》で強制的《きょうせいてき》に行なわれるとなれば、地底《ちてい》の係員《かかりいん》の心労《しんろう》も半減《はんげん》するというものだ。

佐々木課長はさらに続けた。

「コンピューターで人間の管理も行なっているんです」

「どんな管理ですか？」

「つまり、一〇〇〇人の鉱員の特徴をすっかりコンピューターに読ませておいて、その日の配置を決めさせるのです。わずか一〇秒で一人ひとりの配置を決めてくれます。それは早いもんですよ」

私はまたしても驚いた。そして、こういう機械化・合理化をしていけば、一人当たりの能率が八〇トンという「未踏《みとう》の記録にも到達《とうたつ》できるはずだ」という彼の説明に納得《なっとく》した。

「それで、フル操業時点での採算《さいさん》はどうなるんですか」

私はまた当初の質問を繰り返した。

「フル操業時点で、どうにか多少の黒字が出るくらいでしょう」

「そんなものですか」

「ええ。労賃《ろうちん》は毎年確実に上昇しますし、それに伴《ともな》って炭価《たんか》が上がるのならばまだしも、そうは問屋《とんや》が卸《おろ》しません。今年(昭和四五年一月)から原料炭だけでトン当たり五〇〇円の値上げができたとして、同時に二〇〇円から三〇〇円のベースアップがなされています。さらに、鉄道運賃がこれまた値上げです。今までは遠ければ安くなった通算制《つうさんせい》が廃止《はいし》されてしまい、ここから室蘭《むろらん》までがトン当たり一五〇円の値上げ、苫小牧《とまこまい》でも一〇〇円の値上がりです。これらがいずれも今年の春に一時《いちどき》にやられていますから、炭価の五〇〇円の値上げは初めからパーですわ」

見事な説明である。しかし、あまりにも見事な話だけになにか風が吹き抜けていくような気がしないではなかった。その風がいったいどこから吹いてくるのかよくわからなかったが、いくつかのひっかかりを記してみよう。

■超近代的な炭鉱への疑問

まず、第一に、この超近代的《ちょうきんだいてき》な鉱業所《こうぎょうしょ》でも、年産九〇万トンという大目標がまず立てられ、そこから一人当たりの月産八〇トンの目標が下されている。そしてそれに要する人員と、これまでにない超近代的な機械設備が投入されて目標を達成しようとしているが、炭鉱《やま》での採炭の仕方、目標の立て方は従来通《じゅうらいどお》りで、埋蔵《まいぞう》されている石炭の層や自然の姿から考えて計算された出炭量《しゅったんりょう》ではない。

第二には、コンピューターを使った能力を生かした配置、というその〝能力〟とはいったい何を指しているのかということだ。単なる量産のための能力と見るならば、バイタリティだけが問題にされるだろうが、自然を読む能力、経験を生かした勘《かん》といった能力がどこまでコンピューターに読み込まれてチームの編成がなされているのだろうか。

第三は、集中管理と言えども、管理しきれない部分の方がいかなる場合でもはるかに多く、しかも重大であるという認識《にんしき》の問題である。地層《ちそう》の微妙《びみょう》な変化やそれに伴う機械の具合、また作業員一人ひとりの健康状態や心理状態……。これらはコンピューターに現れないと思うのだが、作業を進めるにあたってはどれ一つ欠かすことのできない重要な要素である。

第四は、仮に坑内事情が正確に地上の管理室に届いたとしても、地上で判断を誤った場合は、集中管理している分だけその影響が大きくなるのではないだろうかということである。同じデータでも、人によってどう読むかの判断も違うのではないだろうか。そこにリスクはないのだろうか。

そして第五に、このように能率的に働いて目標に達したとしても、収支《しゅうし》がトントンであるということだ。「黒字になっても少々」という予測では、何を企業経営の目的としているのかよくわからない。

私が指摘したこれらの問題点に対する反論や意見はたくさんあるだろう。一人当たりの能率を八〇トンにするという驚異的《きょういてき》な計画も、こうした超近代的な機械設備をもってすれば可能かもしれない。しかし、それに伴う一人ひとりの人間の労働《ろうどう》の密度《みつど》、とりわけ注意力の要求度は、これまでとは比較にならない重圧《じゅうあつ》となって個人にのしかかってくるだろう。

また、コンピューターで管理できるのは、せいぜい気温《きおん》や湿度《しつど》、ガスの発生状況や換気《かんき》などの基礎的な数字ぐらいである。それから先はやはり人間の勘に頼らなければならない。医師が検査結果をもとに患者の病気を判断する。その判断が重要なのであって、コンピューターが入ったからすぐに病気が治《なお》るというものではない。

そして、さらに組織の問題も出てくる。現場と地上の集中管理室で、権限《けんげん》と責任《せきにん》の分担《ぶんたん》がどのように取り決められているのか。上級職《じょうきゅうしょく》に対して対等《たいとう》に口を利《き》けないという日本人の国民性を、コンピューターがどこまで解決してくれるのだろうか。

以上の点については、これまでと変わらない問題として残るだろう――というのが私の率直《そっちょく》な感想である。ただ、誤解《ごかい》なきよう言っておけば、これらの点による問題が三菱大夕張炭鉱で実際に起こっているわけではない。私の〝取《と》り越《こ》し苦労《くろう》〟で終わることを望《のぞ》む。

三菱大夕張炭鉱の大工場の、配電室《はいでんしつ》を想像させる集中管理室や繰込所《くりこみじょ》の控《ひか》え室《しつ》は、ヨーロッパの炭鉱なみの立派な施設である。ロッカー代わりのバスケットが、天井《てんじょう》からスルスルと音もなく降りてくる。窓の外には真新しい自家用車が夏の光を反射して並んでいる。一日の作業を終えた鉱員たちは、入浴の後は背広《せびろ》に着替え、会社の送迎バスや自家用車で家路《いえじ》につくのだった。煤《すす》けたこれまでの炭鉱《やま》ばかりを見てきた人間には、まるで別天地《べってんち》に思える。都会のサラリーマンの出勤風景《しゅっきんふうけい》と少しも変わらないイメージを、この会社では積極的に売り込もうとしているのは明らかだった。

殊《こと》に「ステンレスの流し台」は、この夕張取材のヒントをくれた理髪店の店員さんのためにも、ぜひ見ておかなければならないと私は考えていた。実際、今日はいい見学をした。問題を山と抱《かか》えながらも、とにかく再生してゆく炭鉱もあるのだと気づいたことは、大きな収穫《しゅうかく》であった。私は久しぶりに晴々《はればれ》とした気持ちになった。

■新築炭住での先山の一日

木の香《かお》りも新しい炭住街は、車で五、六分の開墾地《かいこんち》の林の中にあった。二階建てで、横に長い住宅は日差《ひざ》しも充分に受け入れる。棟《とう》と棟の間隔《かんかく》も広い。上下階《じょうげかい》合わせて3DK。八畳、六畳、四畳半とダイニングキッチン。小さい住宅でも六畳が二つとダイニングキッチン付きである。これが「菊水《きくすい》町《ちょう》」「青葉町《あおばちょう》」と名付けられた一帯に一二〇〇戸、三〇〇〇人分できた。新設のスーパーマーケットに炭鉱《やま》の女性たちがしきりに出入りする風景は郊外の団地のそれと少しも変わりない。

炭鉱歴二〇年余りという、先山《さきやま》のAさんは二番方《にばんかた》だ。昼寝《ひるね》を終わって出勤の準備に取《と》り掛《か》かっていたところであった。

「ステンレスの流し台が素晴らしいと聞いたんですが、どんなものか見せてください」

という私の不躾《ぶしつけ》な頼みをAさんは快《こころよ》く受け入れてくれた。南向きの窓の下に、目指《めざ》す流し台はあった。それほど大きなものではないが、なるほど厚手《あつで》でピカピカである。Aさんは流し台の上で気持ち良さそうにひげを剃《そ》りはじめた。ベランダは、Aさんの鉢植《はちう》えの植木《うえき》でいっぱい。北海道の人はなぜかゴムやサボテンなど南方系《なんぽうけい》の植物を好んで育てる傾向がある。Aさんもその一人で、座敷《ざしき》のテレビの上にまで小さな熱帯植物《ねったいしょくぶつ》の鉢《はち》が載っていた。

改めて外《そと》に出てみると、どこの家でもベランダに布団《ふとん》が干《ほ》してあった。考えてみれば、ベランダに布団が干せるような家はこれまでどこの炭住にもなかった。干し物はすべて物干《ものほ》し竿《ざお》が相場《そうば》である。こんなところにも都会的なセンスを感じさせようという会社の配慮《はいりょ》がうかがわれた。

配慮と言えば、「区長《くちょう》」という肩書を持った会社の労務課員《ろうむかいん》が、駐在所《ちゅうざいしょ》よろしく先ほどのマーケットの隣《とな》りの詰所《つめしょ》に事務机を置いて座っている。そこには男女合わせて三人の職員がいて、この炭住街の一切の管理を担当しているということだった。

「家賃はいくらですか？」

私は区長に尋《たず》ねた。

「お話になりませんよ」

と四五、六歳の区長はすぐには答えようとしない。

「三〇〇〇円くらいですか」

区長の顔が緩《ゆる》んだ。

「衛生費《えいせいひ》、水道《すいどう》、一切合切《いっさいがっさい》を入れてね」

「えっ？　それでは電気代《でんきだい》も含まれているのですか？」

「電灯料《でんとうりょう》として夏は五〇キロまで、冬は五五キロまで会社が負担します。それから上は一キロ増すごとに五円徴収《ちょうしゅう》します」

「まるでただですね」

「ええ。それが炭住のいいところですよ」

ちなみに東京電力の調べでは、平均家庭の月平均の電力使用量は一二〇キロから一三〇キロくらいというから、半分が会社負担だとすると、冬場でも三二五円からせいぜい三七〇円の電気代で済む計算になる(昭和四五年現在)。

さらに区長が説明する。

「炭住の主婦たちに、料理や手芸《しゅげい》、編《あ》み物《もの》などの講習会を開いていますが、講師の人件費ほか一切は会社持ち。お料理の場合は材料費《ざいりょうひ》も出します。七夕《たなばた》や子どもの盆踊《ぼんおど》り、夏休みのスポーツ行事の経費も一切合切会社の持ち出しです」

私はまた驚いた。いや、驚きよりも前に笑いが出てきた。なるほどこれが炭鉱の生活なのか。

「これを称して〝丸抱《まるが》かえ方式〟と言うんでしょう。前近代的《ぜんきんだいてき》と言ってしまえば確かにそうですが、炭鉱《やま》の昔からの習慣《しゅうかん》なんです。何もこの炭鉱ばかりの特別待遇《とくべつたいぐう》ではありません」

笑って区長が言った。

「ところで」

と私は話題を切り換えた。

「こちらでも〝組夫《くみふ》〟はいるんでしょう」

「ええ」

「組夫も一般の鉱員も区別なく一緒に住んでいるのですか」

区長の顔が急に強張《こわば》った。

「組夫の炭住はあの林の中にあります」

「なぜ別のところに住まわせるのですか」

「それは、お互いにその方が住みやすいからでしょう。でも組夫の住宅もこれと大差ありません。ただ、お互いに考え方が違うでしょうから」

「どんなふうに」

区長はますます困った表情になった。

「つまり安住性ということでしょうか」

「安住性《あんじゅうせい》……」

私は食い下がった。

「そうです。永久《えいきゅう》にここで住もうという人と、そうでない人の違いのようなものかな」

と言って区長は言葉を濁《にご》した。

「組夫の炭住へ行ってもいいでしょうか」

「行ってどうするのです。ここと同じですよ。別に変わったところはありません」

区長はなぜか私が組夫のところに行くことに反対した。

■三菱大夕張炭鉱のガス爆発事故

昭和五四年(一九七九年)七月一五日、超近代設備を誇《ほこ》るこの三菱大夕張炭鉱で一七人が死亡する大事故が発生した。坑口から四〇〇〇メートル入った坑道の掘進現場《くっしんげんば》でガス突出《とっしゅつ》があり六人が死亡。救助に向かった鉱員が第二次ガス爆発にあって一一人が死亡するという〝二重《にじゅう》の遭難《そうなん》〟だった。

もともと夕張はガスが多いことで知られているが、この炭鉱《やま》ではいきなり深層部《しんそうぶ》に入って採炭《さいたん》を始めたために、盤圧《ばんあつ》も加わって坑内温度《こうないおんど》が高まり事故を起こしやすい条件となっていた。ガス突出後の二次災害は、大量に湧出《ゆうしゅつ》したガスを取り除くために伸ばしたビニール製の風管《ふうかん》が、あるいは遮断幕《しゃだんまく》が、炭塵《たんじん》とぶつかって静電気《せいでんき》を起こし、これが火源《かげん》になったのではないかという疑《うたが》いが持たれていた。ビニールは燃えない代わりに静電気を起こす。

一度目の災害の「ガス突出」は、一五日の午後九時五分頃、二度目のガス爆発は一六日の午前一時三分頃であったから、その間、約四時間であった。

超近代的な設備が売り物で、すべての炭鉱《やま》の期待《きたい》を一身《いっしん》に集めていた三菱大夕張炭鉱の事故だっただけに、その波紋《はもん》は大きかった。どんなに最新の設備を整えたとしても、炭鉱には結局、事故がついてまわるのだという諦《あきら》めと大きな絶望《ぜつぼう》の入《い》り混《ま》じった大きな波紋であった。

第18章　何でもやる

■滝川駅のお茶売り

国鉄函館本線《こくてつはこだてほんせん》と根室《ねむろ》本線が接続《せつぞく》する滝川《たきかわ》駅。その四番ホーム。発車までの間に昼食を済ませておこうと、私は車窓から〝駅弁売《えきべんう》り〟を呼んだ。続いて〝お茶売《ちゃう》り〟を呼ぶ。お茶売りは片手にポリエチレンの容器をたくさん下げ、片手には湯の入った大きなヤカンを下げてやってきた。高齢の男性である。駅弁売りのように揃《そろ》いの紺色《こんいろ》の制服《せいふく》・制帽《せいぼう》ではない。見るからにやぼったいその作業服は、一見して私物《しぶつ》とわかった。男は片足《かたあし》を労《いたわ》るようにしながらやってきた。

私は車窓《しゃそう》からホームのお茶売りに声をかけた。

「おじさん、炭鉱《やま》だろう」

男はニヤリと笑った。

「よくわかったな」という表情である。

「三井芦別《みついあしべつ》の落盤《らくばん》です。脊髄《せきずい》を痛めて二五年も苦しい思いをしてきたんですよ。足もその時にやられたんです。いまだに膝《ひざ》に水が溜《た》まるんで、週に一度は病院に行って抜いてもらってくるんです」

「今でも痛むの」

「いいや。痛みはしない」

二五年前の古傷《ふるきず》をいまだにこうして引きずって歩いている男の人生を思い、私は落盤の凄《すさ》まじさを改めて考える。

一瞬《いっしゅん》、心が通じ合ったというのか、男は私の窓の下に立ったまま動こうとしない。そして私に付ききりで、私がお茶を飲み干すたびに、ポリエチレンの容器にヤカンから熱い茶を足してくれる。今どきこんな人情がどこにあろう。

男は六五歳だと言った。人生の峠《とうげ》を越えた一人の男が、足を引きずりながら、一個二〇円のお茶を売り歩く。私はそれを感傷的《かんしょうてき》に受け止めるような人間では決してないが、この人を前にしてなぜか私の胸は痛《いた》んだ。

正直《しょうじき》に告《つ》げると、私がここでこの男に会ったのは何か運命のめぐりあわせのような気がしたのだ。この時、私は四年に及ぶ札幌勤務から転勤《てんきん》の辞令《じれい》を受けて、長年通い続けた炭鉱《やま》とも別れなければならなかったからである。その前にせめてもう一度炭鉱の風景を眺《なが》めておこうと、空知《そらち》地方の炭鉱の街をいくつか歩いてきて、最後に会ったのがこの元・炭鉱員のお茶売りであったのだ。

弁当売りには歩合《ぶあい》がついているそうだがお茶売りはどうなのか、といった他愛《たあい》のない話をしているうちに、先輩格の若い弁当売りが、

「お茶屋《ちゃや》っ！」

とホームの端《はし》で怒鳴《どな》った。すると男は微笑《ほほえ》みを残して、足を引きずりながらすっ飛んでいった。それからお茶売りの男は低い声で、

「お茶ー、お茶ー」

と言いながらしばらくホームを歩いた後、静かに動き出した私の車窓に再び歩み寄ってきて、

「サービスするから、また来た時に買ってください」

と精一杯《せいいっぱい》の言葉をかけていった。

お茶売りはホームでいつまでも手を振ってくれた。行きずりに出会った二人が、短い時間にどうしてこんなにも深い心の交流ができたのだろうか。

■北星産業という「何でも屋」

お茶売りの男性のように、体の不自由な人間や、炭鉱未亡人などは、〝非能率者《ひのうりつしゃ》〟と呼ばれる。ひどい言葉である。つまりは〝やっかい者〟ということである。〝非能率者〟は炭鉱に多いとされてきた。

そんな中で一つの奇跡が起こった。それは炭鉱の街に〝非能率者〟や離職者《りしょくしゃ》を対象とした会社が生まれたことだった。

昭和三八年（一九六三年）、親会社の北炭《ほくたん》からもらった資金一〇〇万円と一三五人の人員でスタートした市の「北星産業株式会社《ほくせいさんぎょう》」がそれである。ひと言で言うと、この会社は〝何《なん》でも屋〟である。採炭《さいたん》の際に使う金網《かなあみ》の製造から、炭鉱の社員食堂の経営、養鶏《ようけい》、名刺《めいし》や年賀状《ねんがじょう》の印刷、写真の現像《げんぞう》、建具《たてぐ》の

修理、棺桶《かんおけ》の製造、トイレの汲《く》み取《と》りまで請《う》け負《お》う。お彼岸《ひがん》には大道《だいどう》で花束《はなたば》を並べて線香《せんこう》まで売るというのだから、大変なレパートリーである。まだある。釣堀《つりぼり》経営、藁工品《わらこうひん》の製造・販売、温室《おんしつ》での花の栽培《さいばい》、アイスクリームのヘラ作り、軍手《ぐんて》の製造……。これらいっさいを、「離職者《りしょくしゃ》」といわゆる「非能率者」が行なっているのである。

彼らは空き家となった炭住に鶏《にわとり》を飼い、印刷工場を作り、作業場をこしらえた。そして年賀状の時期がくれば全員が注文を取りに歩き、活字《かつじ》を拾い、印刷の手伝いをする。クリスマスがくれば、今度はみんなでカステラを焼きケーキを作る。彼岸がくれば、手分けをして戸板《といた》を並べ、その上に供養《くよう》の花を並べて線香を売るのである。いわば大企業のおちこぼしをすべて拾う仕事である。足をひきずり、片手を労《いたわ》りながら、彼らはそのときどきの需要に応じて集まってくる。社会のどんな下積《したづ》みの仕事でも決して文句は言わない。市役所からの注文に応じてバキュームカーも購入した。古びた炭住の修理にも飛んでいく。どうせ外注《がいちゅう》しなければならない仕事ならばと、親会社《おやがいしゃ》の北炭も黙《だま》って彼らに発注《はっちゅう》してくれる。

面白《おもしろ》いのはケーキだ。親会社の北炭は同系資本のホテルを札幌に建てた。このホテルで出す高級ケーキが、実は炭鉱《やま》で彼らによって作られているということを、ホテルの宿泊者《しゅくはくしゃ》は誰も知らないだろう。空いた土地にトウモロコシを播《ま》き、それを餌《えさ》に鶏を飼って卵《たまご》を産《う》ませ、その卵で作るケーキだから、新鮮で美味《おい》しいはずである。卵は日に一〇〇〇個は生産されるからケーキ作りには充分である。ブロイラーは、成長の早いコニー種を六〇〇〇羽も飼っている。それで毎月一五〇〇羽分の鳥の丸焼《まるや》きができる。これもホテルに納《おさ》められるし、親会社の社員食堂のスープにもなる。鶏小屋《にわとりごや》の増改築《ぞうかいちく》は木工《もっこう》部《ぶ》の仕事だ。

そんな具合だから、すべてが自給自足《じきゅうじそく》で間に合ってしまう。炭鉱を離れてこれといった手に職のない者でも、熱意によって見よう見まねで大工仕事ができるようになったし、調理師免許《ちょうりしめんきょ》を取った者もいた。昭和四三年(一九六八年)度の売上高《うりあげだか》は一億五〇〇〇万円だった。

■一〇〇人を超える社員の生活のために

「一〇〇人を超える肢体不自由者《したいふじゆうしゃ》や未亡人《みぼうじん》の生活を守るためですから、どんなものにも手を出さざるを得ませんでした。しかし、おかげで給料も普通の企業なみに出せるようになりましたよ。今までは無我夢中《むがむちゅう》で過ごしてきましたが、これからが飛躍《ひやく》期だと思います」

リーダーである取締役・若林虎雄さんの話である。若林さんは続けてこう言う。

「いつまでも夕張という地域の枠《わく》の中にばかりはいられない。大学出の頭の良い人たちを雇《やと》い入《い》れて、北海道各地に販売網《はんばいもう》を広げていきたい。印刷機械にしたところで、〝蹴《け》っ飛《と》ばし〟という単純な機械だけでは限度がある。もっと大きな注文を取るためには、技術を高め、機械化も進めなければならない。問題は山積《さんせき》しているのです」

若林さん自身、これらの人たちの生活の面倒を見るために、資本金の一〇〇万円と一緒に親会社からこの会社に送られてきたのだった。親会社にしてみれば、ある程度の責任を果たせばそれでよかろうと判断していたのかもしれない。しかしたった一〇〇万円という資本金で、驚異的な成果を上げた業績《ぎょうせき》の陰《かげ》には、リーダーの手腕《しゅわん》はもとより〝非能率者〟と見放《みはな》された人たちの決して〝非能率〟ではないバイタリティがあったのである。肢体不自由者や未亡人を、単なる社会の厄介者《やっかいもの》として扱う限り、明らかに彼らは合理化の対象者である。しかし、その彼らに場所と仕事を与えれば、思いもよらない力を発揮するという一つの証《あかし》を見せたのであった。そんな会社が斜陽《しゃよう》の炭鉱の街に生まれたことが痛快《つうかい》であった。

第19章 激動の昭和四七年——一九七二年

■激動の年、昭和四七年(一九七二年)

昭和四二年(一九六七年)から昭和四六年(一九七一年)にかけて炭鉱取材に従事《じゅうじ》した私の体験を書き起こし、脱稿《だっこう》の見通しがついたのは、昭和四七年(一九七二年)の暮れだった。この年は〝激動《げきどう》の年〟だと言われた。

まず軽井沢《かるいざわ》で「あさま山荘事件《さんそうじけん》」が起こった。二月には「札幌冬季《とうき》オリンピック」が開催された。その後、「テルアビブ空港での日本人学生の乱射事件《らんしゃじけん》」、「ミュンヘンオリンピック事件」、「日本航空墜落事故」、「元日本兵《もとにほんへい》・横井庄一《よこいしょういち》さんの生還《せいかん》」と「ルバング島の元日本兵の生存《せいぞん》」、「羽田空港《はねだくうこう》でのハイジャック未遂事件」、同じ日に「北陸《ほくりく》トンネル火災事故」、そして「沖縄返還《おきなわへんかん》」と「日中国交回復《にっちゅうこっこうかいふく》」など。よくこれだけ大きなニュースが出揃《でそろ》ったものだと思うくらいであった。

こうしたなか、炭鉱関係では一一月二日に北海道奈井江《ないえ》町の石狩炭鉱《いしかりたんこう》でガス爆発が起こり三一人の犠牲者を出した。しかしこの事故は、相次《あいつ》ぐ大きなニュースにかき消されてしまった感があった。その四カ月前の七月には「第五次石炭答申《だいごじせきたんとうしん》」が発表されていた。その内容が、果たしてどれだけ多くの国民の目にとまったことか。

■第五次石炭答申

「第三次石炭答申」（昭和四一年）が〝最終抜本策《さいしゅうばっぽんさく》〟と言われ、財源《ざいげん》に重油関税《じゅうゆかんぜい》が当てられ、石炭特別会計として一般会計から離されたあと、〝植村構想《うえむらこうそう》〟が出て、石炭産業からの撤退《てったい》を政府に求めたことは前にも述べたとおりだ。しかし通産省の反対でそれは立ち消えとなってしまった。その後に発表された「第四次石炭答申」（昭和四三年）は〝練《ね》り直《なお》し答申〟として八五〇億円の借金の肩代《かたが》わりを政府がやった。いったいいつまで政府は私企業である石炭産業を助けるつもりなのか――との批判の声は高まるばかりであった。そして昭和四七年（一九七二年）七月の「第五次石炭答申」となったのである。その骨子《こっし》は、昭和四八年（一九七三年）から〝四年間で五〇〇億円〟の政府肩代わりと、第五次対策の終了後の昭和五二年（一九七七年）度以降も、引き続き答申を出す（つまり援助する）という〝約束〟までがついていた。財源は重油関税が引き続きあてられた。これは石炭産業と通産省が〝寝技《ねわざ》〟で国の財源を奪《うば》い去《さ》るものだという声が聞かれた。それなら、なんのための「最終抜本策」であり「練り直し答申」だったのかというのである。

昭和四七年（一九七二年）七月二日の『朝日新聞』は「社説」でこう述べている。

「石炭特別会計という既得権益化《きとくけんえきか》した大きな財源《ざいげん》を持つ一方、石炭産業の最終的なあり方についての議論を避けていたのでは、最後の一トンまで財政援助《ざいせいえんじょ》が続けられるのではないか。（中略）石炭産業の年間生産額は一〇〇〇億円程度である。財政資金でテコ入れすべき根拠は急速に失われつつある」

つまり伸びる一方の重油関税による財源を、いつまでも被害者意識で既得権化し、四年間で五〇〇〇億、一年間でざっと一二〇〇億の援助をもらって一〇〇〇億円の生産しか上げられないのが石炭産業である。石炭産業にそれだけ投資《とうし》する理由がどこにあるのか、というのである。そして、経済採算《けいざいさいさん》に乗る見通しのまったくない石炭産業につぎ込むより、地域振興策《ちいきしんこうさく》に税金を使うのがスジではないかというのである。また、最近の国際収支の大幅な黒字累積《くろじるいせき》に対処するための国際的な産業調整論《さんぎょうちょうせいろん》からすれば、むしろ石炭などを買うことによって開発途上国《かいはつとじょうこく》の経済活動を援助しなければならないということであろう。

確かに、産炭地《さんたんち》における炭鉱の存在は、地域社会にとっては大きなものだ。歴史的にも経済的にも地域の生活に極めて強い影響力がある。しかし、よくよく考えてみると、これまで石炭産業や産炭地への財政援助というものは、地域住民にとってはあまり胸に響《ひび》いてくるものではなかった——というのが実態ではないだろうか。数千億円という石炭関連への投資を、はじめから地元自治体の街づくりに振り向けられていたとしたら、今頃は石炭ばかりには頼《たよ》らないもっと違った街づくりができていたのではないかと思う。

また、これまでの政策を「静《しず》かなる撤退《てったい》」と言うが、もっと率直《そっちょく》に言えば、数千億の財政投資は大企業に対する転職資金《てんしょくしきん》であり、大企業への保護政策《ほごせいさく》ではなかったのか、と言わざるを得ない。第3章の赤平茂尻《あかびらもじり》の今井次郎さんの項で紹介したように、今井さんのような零細業者《れいさいぎょうしゃ》の直接的な被害《ひがい》には何の保障もないのである。中小企業に資金援助はなく、大企業には何千億もの借金の肩代わりをするという財政投資は、あまりにも矛盾《むじゅん》している。石炭の大手企業が国の保護を受けつつ、住宅や不動産、あるいは観光業に転換して、充分経営の成り立つ目処《めど》がついたというニュースなどに接するにつけ、今井さんのような人たちのその後の生活がどうなったのかがとても気になる。

■「ぼりばあ丸事故」「北炭ガス爆発」「日航機事故」

ここで三つの事故について触《ふ》れてみたい。「ぼりばあ丸事故審判裁決《まるじこしんばんさいけつ》」と前述の「北炭《ほくたん》ガス爆発《ばくはつ》の裁《さい》判記録《ばんきろく》」そして「日航機《にっこうき》の相次《あいつ》ぐ事故《じこ》」についてである。

「ぼりばあ丸事故」とは、昭和四四年(一九六九年)一月五日、ペルーからの鉄鉱石《てっこうせき》約五万トンを満載《まんさい》して帰る途中の大型船ぼりばあ丸が大時化《おおしけ》の北太平洋上《きたたいへいようじょう》で突然船体《せんたい》を真《ま》っ二《ぷた》つに折られて、三一人の乗組員とともに沈没《ちんぼつ》してしまった事故である。ちょうどこの審判裁決が記事になったのが、日航機のモスクワでの惨事《さんじ》が起きた前日の一一月二八日であった。証言《しょうげん》や鑑定《かんてい》などから、ぼりばあ丸は、

(1)規則では船倉《せんそう》を仕切《しき》る横隔壁《おうかくへき》を九個設けることになっているのに七個しか設けていなかった。

(2)船倉内壁《ないへき》の支柱《しちゅう》の数が少なく、内壁が損傷《そんしょう》しやすいという欠陥《けっかん》があった。

と指摘されて、

「経済性を重視して大型化されたが、安全性が軽視されたものだ」

と全日本海員組合《ぜんにほんかいいんくみあい》などが主張した。これに対して船を作った石川島播磨重工業《いしかわじまはりまじゅうこうぎょう》側は、「自然の不可《ふか》抗力《こうりょく》」「操縦《そうじゅう》ミス」と主張して対立した。この審判決果は、

「遭難《そうなん》原因は船体《せんたい》の強度《きょうど》不足《ぶそく》などにあると考えられる。だが、船体が深海《しんかい》に沈《しず》んでいる以上、折損状《せっそんじょう》況《きょう》が確認できず、断定《だんてい》できない。従《したが》って〝疑《うたが》わしきは罰《ばっ》せず〟の原則に従わざるを得なかった」

ということになった。安くて納期の早い船が実は安全ではなかったのではないか、安全性と経済性のどちらを優先していたのかが問題とされたのである。遺族《いぞく》との係争《けいそう》はその後も続いた。

これはそっくりそのまま、「北炭ガス爆発事故の裁判記録」に置き換えられる。

「炭坑保安《たんこうほあん》の本質は労働者の生命保護にある。そして技術者の知識経験において、安全と判断される程度の措置《そち》が講じられていても、一旦《いったん》事故が発生し、結果として労働者の生命が失われてしまえば、炭坑における保安措置としては失敗と評さざるを得ないのである。従って、このような危険と背中合わせの性質を持った保安の問題については、最低限のギリギリの線で考えてはならないのであり、予想以上の事態が発生した場合に備えて、なお次の歯止《はど》めを設けておくというぐらいの措置が要求されてしかるべきである」

この予想以上の事態というのを、「北太平洋の大波」と置き換えればぼりばあ丸の事故と全く共通している。そして、

「いやしくも罰則を適用して刑罰を科するためには、その基礎となる理由が、合理的な疑いを入れない程度に明確な立証がなければならない」

としてどちらの事故でも被告(経営者側)が無罪になっている。

三つ目の事故――「日航機の相次ぐ事故」も乗客・乗務員の安全性を置き去りにしたために起こった。そして過度な事業の膨張《ぼうちょう》が大事故をもたらしたという社会的な批判を受けた。そのため日本航空は、

モスクワ事故の翌月一二月一日には、大西洋路線の運休という戦線縮小《せんせんしゅくしょう》で、世界一周路線網の夢を捨てて実《じつ》を取らざるを得なかったのである。

これら三つの事故はいずれも安全性を軽視した経済優先の企業姿勢が問題となった。しかも事故を起こした三社が、それぞれの分野で日本を代表する大企業であるという点で一致している。また、空も海も地底も、事故原因の究明が極めて難しいということも共通している。違いがあるとすれば、事故を起こせばすぐにでも国際的な批判が巻き起こる航空会社の場合は、他の二つに比べれば少しは〝反省〟が早いというくらいであろう。

北炭のガス爆発事故が起こって、初めて無許可で掘った〝闇坑道《やみこうどう》〟が見つかったように、溶接《ようせつ》の具合などを調べる立ち入り検査で、無許可の船が並べられていた事件が明るみに出るなど、法令《ほうれい》を遵守《じゅんしゅ》しない大企業の傲慢《ごうまん》な姿勢までが共通している。こんなことでいいはずがない。大企業と言っても、所詮は個人の集合体に他ならない。法廷に立った時には、北炭の幹部たちも、石川島播磨重工業の部長や船主たちも、ひとりの人間としての自分の責任に気づいたはずである。炭鉱《やま》に起こった数々の事故も、その心があったらこれほど手痛《ていた》い敗退《はいたい》にもなっていなかっただろうと思われてならない。

第20章 夕張、再び——一九八三年

■「終焉」を見届けるために

この章は、昭和五七年(一九八二年)に書いている。私自身の心覚《こころおぼ》えのつもりで書《か》き留《とど》めておいたそれまでの原稿を読み返し、新たにこの章を書く気にさせたのは、昭和五六年(一九八一年)一〇月一六日に九三人の犠牲者を出した北炭夕張新鉱《ほくたんゆうばりしんこう》の大災害であった。それまで鳴《な》りを潜《ひそ》めていた休火山《きゅうかざん》がいきなり爆発した感じがした。炭鉱そのものが激減《げきげん》し、炭鉱労働者が減少した後のこの事故は私にとってあまりにもショックが大きかった。

そしてまた、私の胸《むね》に去来《きょらい》したのは「スクラップ・アンド・ビルド方式」の政府の石炭政策の尻馬《しりうま》に乗って生き続けてきた〝石炭産業のチャンピオン〟北炭が、いよいよ最期《さいご》の時を迎えたのかという実感であった。三井グループの一角を担い、「天下の政商《せいしょう》」と言われた萩原吉太郎という〝天皇〟が、その半生をかけて築き上げてきた北炭が、いよいよ終焉《しゅうえん》を迎える。

■三菱大夕張炭鉱へ

昭和五七年（一九八二年）五月二九日午後〇時四一分。私の乗った飛行機はゆっくりと千歳空港《ちとせくうこう》ビルに横付けになった。そこでまず驚いたのは、空港ビルがあまりにも立派になったことである。まるでロンドン空港にでも降り立ったような気がした。空港ロビーから長い回廊《かいろう》を伝って、国鉄千歳線《こくてつちとせせん》にそのまま接続しているのも驚きだった。かつては一度札幌に出てから、滝川《たきかわ》を通って、帯広《おびひろ》・釧路《くしろ》方面に向かったものが、今では新千歳空港から新夕張《しんゆうばり》を経由して道東《どうとう》方面に行ける。北海道も大きく変わった。北海道開拓時代の一世二世たちが、この変わりようをどう眺《なが》めているだろうかとまず想像した。快適な車両に揺《ゆ》られながら、これから行く先が大きな炭鉱事故を起こした夕張であることが不思議な気がした。

新夕張から夕張に向かう途中の清水沢《しみずさわ》駅に到着すると、ひと時代前を彷彿《ほうふつ》とさせるすすけた車両が、学校帰りの高校生たちを満載にして待っていた。清水沢から南大夕張《みなみおおゆうばり》までわずか七・六キロの路線を結ぶ三菱石炭鉱業直営《みつびしせきたんこうぎょうちょくえい》の私鉄《してつ》の駅であった。

「会社直営の鉄道で、一般の人たちまで乗せて黒字なのは、おそらく日本でここだけじゃあないかな」

鉄道担当者の若い係長がそう言って笑った。

「もっともお客は余分で、本来業務は石炭の積み出しにあるからね」

この係長が鉄道の一切の面倒をみているということであったから、国鉄流に言えば総裁《そうさい》にあたるわけだ。鉄道を運営するこの三菱石炭鉱業という会社はかつての三菱大夕張炭鉱株式会社《みつびしおおゆうばりたんこう》である。九州の高島炭鉱《たかしまたんこう》と合併《がっぺい》して三菱石炭鉱業と名前を変えたのだった。ステンレスの流し台とコンピューターによる地上管理で私を驚かせた、あの石炭会社である。

一二年ぶりに訪れた南大夕張の鉱業所は、さすがに古くなった感じがした。何もかもがピカピカだったあの当時の面影《おもかげ》はない。鉱員たちが忙《いそが》しく出入《でい》りしていた。当時、総務課長をしていた佐々木一雄さんも、もう卒業組でいなかった。代わりに技術担当の幹部の方と先ほどの鉄道担当の係長さんが話してくれた。

「去年(昭和五六年)は年産九九万一〇〇〇トン。最深部はシーレベル(海面水準《かいめんすいじゅん》)で六六〇メートル。山が二五〇メートルはあるから、地表からでは九〇〇メートルということになります。条件が悪くてその程度が精一杯です。実動員《じつどういん》一四四〇人で一人当たりの能率が五七トン少々というところでしょう」

「かつての計算では一〇〇〇人で月産九六万トン、一人当たりの能率を八〇トンにするのが目標だということでしたが」

「出来《でき》ることなら八〇トンも一〇〇トンも出したいと思いますよ。しかし、それは無理ですよ。無理をすれば、お隣《となり》さん(北炭夕張新鉱)の二《に》の舞《まい》を踏《ふ》みかねないからね」

昭和五四年(一九七九年)五月には、超近代設備を誇ったこの鉱山《やま》でも、ガス突出《とっしゅつ》と二次災害《にじさいがい》で合わせて一七人の犠牲者を出している。

「しかし、今度の北炭夕張新鉱のガス突出の量は、二〇万から七〇万立方メートルという膨大《ぼうだい》なガス量だったというではないですか。ギネスブックに載せてもいいぐらいでしょう。一〇万トンの船七隻《せき》分のガスが一度に出たんですから。

本来ここはガスの多いところなんですから、ああいうのに当たればうちもどうなったか。決して他人事《ひとごと》ではありませんよ」

二人は顔を見合わせてこもごも語った。

■コンピューターによる管理、最新の計器類

コンピューターによる地上での集中管理は、担当する二人の職員によって行なわれていた。坑道《こうどう》の途中数カ所に設けられたテレビカメラが、中の様子を数台のブラウン管に映《うつ》し出していた。スイッチで切り替えれば別の坑道も映し出される仕組《しく》みである。コンピューターは、坑内《こうない》各所の気温やメタンガスの発生状況はもとより、北海道大学の開発した地圧計《ちあつけい》や坑道の張《は》り出《だ》しなどを計測する計器類にも直結している。特にAE(アコースティック・エミッション)は、一九八一年の春から一九八二年にかけて設置されたもので、これだけで三億円もかかったという。AEはいわば自然の状態を知る聴診器《ちょうしんき》の役割をするものだ。坑壁《こうへき》の先の小さな破裂音《はれつおん》を捉《とら》えて送ってくる。

「割《わ》り箸《ばし》を折る時に、完全に折れる前にバリバリと音がして少しずつ折れていきますね。そのバリバリと小さな音がした瞬間を、いち早く捉えて逃げ出そうというわけですわ。大阪のメーカーから買いました」

相変わらずこの鉱業所は設備に投資《とうし》すると思ったが、聞くところによれば、北炭夕張新鉱の場合はその比ではないらしい。ありとあらゆる設備に金をかけながら、今度の事故に遭《あ》ったという噂《うわさ》がもっ

ぱらであった。北炭が殿様商売《とのさましょうばい》と言われる理由の一つに、過剰《かじょう》すぎる設備投資があげられるという。

しかし、コンピューターでどんな計器に接続しようと、それで完全というにはほど遠い。保安対策の主流は、「ガス抜き」「発破の遠方操作」「避難設備の増設」といった、万一ガスが出たとしてもほかの切羽《きりは》にかからないように空気の流通を「独立分離《どくりつぶんり》の回路式《かいろしき》」で逃がせるような坑道の設備をしなければならないのは、昔も今も変わらない。従来からの保安の基本を忠実《ちゅうじつ》にやっていく以外に安全対策がないことは、二人も共通して認めるところであった。

「これだけ設備に費用をかけて、正直なところ採算ベースに乗せるにはどのくらい掘らなければならないのですか」

「一人の能率が月に六〇トンです。それで一四〇〇人が年産一〇〇万トンを達成することでしょうね。それも国の助成があってのことで、丸裸《まるはだか》では駄目です。西ドイツではトン当たり四〇〇〇円の補助金があると聞きますが、日本はわずか一七〇〇円から一八〇〇円です。最近は鉄鋼《てっこう》も厳《きび》しいうえに、国外産の安い炭価《たんか》をベースに炭価を決められている以上、どうにもなりませんよ」

「それなのになぜ掘るんですか」

素朴《そぼく》な疑問を投げかけてみた。このもっとも素朴で基本的な質問が、彼らには一番難しい質問なのである。〝国産で唯一《ゆいいつ》のエネルギー源を確保するため〟という言葉だけでは足りない。二人は顔を見合わせた。

「使命感《しめいかん》だと思います」

技術担当の幹部が口火《くちび》を切った。

「どんな使命感ですか」

「おっしゃる通り経済的に言えば掘る必要はないでしょう。しかし日本の採炭技術は世界中に輸出できるほどの高い水準にあります。日本に比べればアメリカの技術などはるかに低いものですよ」

これほど自然条件の悪いところで培《つちか》われた採炭技術であれば、どこへ行ってもこれ以下の条件の炭鉱はないのだから、外国の炭鉱でも大変な生産量を上げることができるというのである。しかし、そのために掘っているわけではあるまい。技術担当幹部の答えはいまひとつ説得力に欠けていた。

鉱員の平均給与は二五万円から二六万円(昭和五七年現在)。会社の雇用している鉱員《こういん》一四〇〇人に対して組夫《くみふ》は三五〇人。彼らが坑道の掘進《くっしん》と補修《ほしゅう》関係の仕事をしていることも昔と変わらない。鉱員たちの炭住《たんじゅう》の家賃は一〇〇〇円。電灯は五〇キロまでが無料。暖房用の石炭は五トンまでが一〇〇円から二〇〇円と格安だ。さすがに銭湯は採算がとれずに中止したという。

「昔のように鳴り物入りで人を集めても、質が悪い労働者ばかりが集まったのでは何にもなりませんから、近頃では選考《せんこう》しています。事故さえ起こさなければ人は来ます。昔は名人芸を求めましたが、今は規格と基準を順守《じゅんしゅ》しています。最低これさえ教育すればできるという体系作りを現在行なっています。その体系ができれば手順書《てじゅんしょ》を作りたい」

二人はかわるがわる採炭のマニュアル作りを強調《きょうちょう》した。

■事故発生七カ月目の北炭新鉱へ

その夜は豪雨《ごうう》になった。深夜、古い宿のトタン屋根を激しく打ち付ける音と、ズドーンという雷《かみなり》の落ちる音がして目が覚《さ》めた。山付《やまづ》きの夕張だけに雨量《うりょう》も凄《すさ》まじい。まさに九三人の犠牲者の殉教《じゅんきょう》の地に入ったという感じがした。鉱員らしい一人の男が、枕元《まくらもと》で私を見つめているという夢を見た。真っ黒な顔の中で目ばかり輝かせて立っている痩身《そうしん》の男。薄汚《うすよご》れた濃いカーキ色の作業服、茶色の使い込んだヘルメット……。こんな夢を見るのも、夜明けにはいよいよ新鉱を訪ねるという緊張が心の中にあったからに他ならない。それに、前夜この宿を世話してくれた食堂の主人が話してくれた話も気にかかっていたのだろう。

「若い未亡人に急に親切にしてくれる男が現れたそうだ。その親切が本当の親切ならいいけれど、大方《おおかた》察《さっ》しがつくじゃないですか。保険金を騙《だま》し取《と》られて捨てられてしまうのがオチってことにならなければいいがね」

小さな町で商売をしている店だけに、そういう話にはかなり精通《せいつう》していた。

■北炭夕張新鉱の事務所で聞く

あくる日は一転して眩《まぶ》しいほどの陽光《ようこう》だった。北炭夕張新鉱のある青陵町《せいりょうちょう》でバスを降りると、突き当たりの山に鉄扉《てっぴ》のあるトンネルが見えた。この山の向こうに繰込所《くりこみじょ》があることはすぐに想像ができた。繰込所までは軌道車《きどうしゃ》に乗っていく。

簡単な質問を受けただけで、軌道車に乗せてもらうことができた。日中の時間帯のため、客は私一人であった。運転手は愛想のよい若い鉱員で、軌道車はすぐに凄まじい音を立ててトンネルの中を走り出した。あの日、九三人の犠牲者も、この軌道車に乗って坑内《こうない》に向かったに違いなかった。事故発生と同時に家族や仲間の救護隊《きゅうごたい》も、天井《てんじょう》に頭のつっかえるこの車両に乗り込んでいったことだろう。膝小僧《ひざこぞう》を抱《かか》えて乗ること七、八分。軌道車を降りると新緑《しんりょく》が広がっていた。降るようなヒグラシの声。夕張新鉱の建物は緑の山に囲まれた自然の中に、まるでサナトリウムのような静けさで建ってい た。日本中の耳目《じもく》を集めた大災害が、こんなところで起きたとはとても信じられない。

事務所にあてられた二階は、フロアいっぱいに職員たちが働いている。ここにも事故後七カ月目という張り詰めた空気はまるで感じられない。

担当を何人も変えて、こちらの用件や質問内容のすべてを聞き取った後で、ようやく取締役の赤石昭三さんが現れた。

「来月(昭和五七年六月)末に予定されている政府調査団の結論が出るまで何とも申し上げられません。司法の現場検証も終わり、社内でも松田昭寿前鉱長《こうちょう》を調査室長《ちょうさしつちょう》に、推定《すいてい》ながら原因究明《げんいんきゅうめい》に当たっています。法令《ほうれい》上のガス抜きやボーリングに加えて、社内規定のガス抜きも充分やってきたのに残念です。時間帯も悪かった。正午《しょうご》と言えば一番多く人間の入っている時です。工務課《こうむか》の人間まで入って六〇〇人は入坑《にゅうこう》していた。それに加えて前代未聞《ぜんだいみもん》のあのガスの量でしょう」

営業畑出身だから何もわからないと言いながら、説明は極めて明快である。しかし肝心《かんじん》なことは上手に受け流した。

「退職者の未払《みばら》い賃金《ちんぎん》とおっしゃられるが、主体は退職金のことでしょう。ご存知のようにこの炭鉱《やま》は昭和五〇年四月の営業採炭から始まりました。鉱員も平和《へいわ》・清水沢鉱《しみずさわこう》の閉山で移ってきた人間が多かったのです。ご承知のように炭鉱労働者の場合は、職員と違って、各炭鉱《やま》との間で雇用契約《こようけいやく》を結んでいますから、同じ北炭の経営だからと言って簡単に転勤をさせることはできません。ですからいったん退職してから再就職の形でやってきます。あの頃は大変な人手不足の時代でしたから、私たちは一人でも優秀な人間を採用しようと焦《あせ》っていました。閉山に伴って国から出る退職金を、夕張新鉱で前払《まえばら》いして立て替えてやったり、勤続年数を通算してやったりして迎え入れたのです。今から思えば、これが甘すぎたという批判もありますが、こうして手厚く迎えてやったその加給金《かきゅうきん》の一部が、未払いになってしまったのです。ですから世上《せじょう》で言われているように、閉山に伴《ともな》う政府の給付金《きゅうふきん》を、会社が勝手に流用《りゅうよう》した覚《おぼ》えもありませんし、国の制度上、そんなことができる仕掛《しか》けにもなっていません。また、定年者については、遅れている分を、古い人から順に支払ってゆくシステムですから、二年半以前の人の未払いはありません。あとはベアの積み残し分。これらが管財《かんざい》される時点で出てくるのは当然でしょう。今後どうなるかは、どんな第二会社ができるのか、その内容そのものが明確にならない以上は何とも言えません。現場の声としては、ぜひ存続させていただいて採炭《さいたん》できればと願っています」

「たとえば自走枠《じそうわく》など、最新鋭の高価な機械を買いながら、結局は充分に活かせないで遊ばしてしまう。こうした無駄な投資をしながら生産を上げようとする殿様商法が、回り回って無理を重ねて事故に結びつくという見方をしている声も聞くのですが」

私の質問に赤石さんは即座《そくざ》に言った。

「それはおそらく他社の言《げん》でしょう。次々に鉱区《こうく》があるやっかみだと思います。しかも炭質《たんしつ》がいい。エネルギー革命以前の昭和三〇年代までは、ユーザーから引き合いがきたくらいだ。営業の必要もなければ、ユーザーから金を借りることだってできたほどでした。しかし天《てん》は二物《にぶつ》を与えずで、切羽《きりは》が波をうっていたり、炭層《たんそう》と炭層の間に岩石《がんせき》がサンドイッチ状に混《まじ》っていたりする場合が多い。機械はそれでも直進して全部掘らなければならないから、能率が落ちたのです」

赤石さんは、そろそろ質問を打ち切ってほしいという表情をした。そこで私は最後の質問に入った。

「萩原吉太郎さんと炭鉱の現在の関わりは」

「昨年(昭和五六年)六月に引退されている。現在は関連二二社のグループの総帥《そうすい》としてお働きになっているにすぎない」

「四月一〇日の事故の犠牲者の合同葬儀《ごうどうそうぎ》にも参列されなかったと新聞は報じているが」

「前日まで来られる予定で、こちらもその準備をしていた。肺炎《はいえん》で来られなくなったのだ。なんせ七九歳の高齢だ」

「もう一つ最後の質問をさせてほしい。こんなに無理をしながらなぜ石炭を掘るのですか」

私は三菱石炭鉱業で試みた同じ質問をした。赤石さんは私の顔を穴のあくほど眺《なが》めてからこう言った。

「経済性の問題から言えばもう駄目です。しかし、いったん何かがあった場合は、急に掘ろうとしても駄目だ。この炭鉱も昭和四六年に開発して五年後の昭和五〇年に営業採炭に入れたわけだ。炭鉱はお膳《ぜん》立《だ》てに金と時間がかかる。それと、地域社会への貢献《こうけん》だ。昭和四六年の新鉱開発の時は石炭企業全体が撤退していた。その中でわが社だけが夕張市のためにやったのだ。萩原さんご自身、〝地域社会のために〟ということを何度も強調されてきた。炭《たん》がある限り掘らなければならない。そのためには赤字になっても食管会計《しょくかんかいけい》と同じ考えでやってもらわざるを得ないと思う」

そして、

「近代的な技術力で克服《こくふく》できると思っていたのにできなかった以上、今後は事故を起こさないためにも、自分の身《み》の丈《たけ》に合った五尺三寸《ごしゃくさんすん》の仕事をしよう」

と言い残して席を立っていった。

地域社会に奉仕《ほうし》するという萩原氏の高邁《こうまい》な理想にもかかわらず、現在、北炭夕張新鉱は夕張市に市《し》民税《みんぜい》・鉱山税《こうざんぜい》を含めて約五億円を滞納《たいのう》している(第22表)。企業が地元のためにやっていると言い出すと、私はそれを疑《うたが》ってしまう。誰かがこんなことを言っていた。金《きん》にしろ、銀《ぎん》にしろ、鉄鉱石《てっこうせき》にしろ、銅《どう》にしろ、本来そうした鉱石《こうせき》を掘る鉱山は、掘り尽くした後は移動していくものである。そこに街を作り、都市を作っていくこと自体が目的でないはずである。付随的《ふずいてき》にできたというのならわからないではないのだが、都市が寂《さび》れてしまうから採算がとれなくても掘るというものではないはずだ。萩原氏ほどの企業家が、夕張の街と心中《しんじゅう》するとは思えない。そういう理屈に合わないことを言い出すのは、それをテコにまたぞろ政府関係資金を引き出すためではないかと私は勘ぐってしまうのであった。流暢《りゅうちょう》な赤石さんの説明を聞きながら私は腑《ふ》に落ちない思いでいた。「夕張新鉱を再建させよう」

第22表
北炭閉山による夕張市の財政に及ぼす影響

(昭和57年11月末現在 夕張市の調べ)

税金	
市民税	4,680万円
鉱山税	9,670万円
固定資産税	18,000万円
その他	
改良住宅使用料	9,600万円
賃貸住宅使用料	500万円
水道料金	6,000万円
合計	48,450万円

＊約５億円が北炭の閉山で夕張市がかぶった減収である。これは夕張市の予算70億円の7.14パーセントに当たる

＊うち固定資産税18,000万円は、4月30日に会社更生法が適用され、更生債権となったため、永久にとりたて不可能な税金である。水道料金だけば少しずつ入金している。

という地元商店街の気持ちは痛いほどよくわかるのであるが……。

■ガス突出事故の証言

二階の事務所には女性を含めて一〇〇人くらいの人たちが忙《いそが》しく働いていた。そこに一種の開《ひら》き直《なお》りといった落ち着きを感じたのは私の一方的な印象であっただろうか。

「酸素マスクはとりあえず五〇個だけ送る。それから先は方針が決まっていないからね」

という声が聞こえてきた。おそらく現場と電話で連絡中の声であろう。その会話が現状を端的《たんてき》に表わしているように思えた。

事務所の了解を得て、一階の繰込所《くりこみじょ》に行った。入坑中《にゅうこうちゅう》の時間帯のためか、待機所《たいきじょ》のホールにはほとんど人影《ひとかげ》がない。木製の長いベンチがいくつも置かれ、千羽鶴《せんばづる》の束《たば》が天井から下がっているのも、いつもと変わらぬ繰込所の風景である。

ホールの隅《すみ》の売店前で、二人の職員がやや遅い食事をとっていた。私はホールと隣接《りんせつ》する坑口《こうぐち》を覗《のぞ》いてみた。坑口事務所にはたった一人の職員が弁当を広げていた。事務所のすぐ脇《わき》が立坑《たてこう》である。上下二段式のエレベーターは坑の中に降りているらしかった。油くさい赤い扉が閉まったままの状態であった。

今から七カ月前——昭和五六年(一九八一年)一〇月一六日のあの惨事《さんじ》が起こった時間帯も、ちょうど今と同じ頃であった。一二時四一分頃に、まず集中監視室の自動警報装置が鳴った。次いで坑内を巡回中の係員から異常を知らせる連絡が入った。海面下八一〇メートル。そこから三三〇〇メートル奥の第五区域でガス突出《とっしゅつ》が起こったことが推定《すいてい》された。ただちに入坑者の退避命令《たいひめいれい》が出された。その間四分。そしてさらに救助隊も巻き込んだ二次災害に発展する。

事故後、炭鉱労働者が中心となって編集した『よみがえれ炭鉱の町・夕張』（労働者センター刊）から事故に巻き込まれた人の話を紹介しよう。

まずMさん（四八歳、夕張市若菜《わかな》）。

「坑口から約一八〇〇メートル（海面下六〇〇メートル）の北坑道掘進現場《きたこうどうくっしん》に仲間三人といた。発破《はっぱ》後のすい取りを終わり、昼食後の休憩をしている時、排気斜坑《はいきしゃこう》のほうから粉塵《ふんじん》が舞ってきたと思っているうちに、坑道《こうどう》いっぱいにもうもうとたちこめてきた。何かあったと思い立ち上がったとたん、強い刺《し》激臭《げきしゅう》が鼻をついた。〝危険だ〟。無線の退避命令は聞こえなかったが、反射的に真っ暗になった坑道を夢中で坑口に向かって走った。救急バルブのことを思う余裕などはなかった。走りながら山中を揺さぶるような〝ドーン〟という山鳴《やまな》りを背中に聞いた。二〇〇メートルほど走ったところで、髪の毛を後ろから引っ張られるような感じで、坑道にどっと倒れた。猛烈《もうれつ》な眠気《ねむけ》が襲《おそ》ってきた。〝眠ったらおしまいだ〟。必死に自分に言いきかせるが、睡魔《すいま》は去らない。〝死んだらダメだ〟。仲間の怒鳴《どな》り声《ごえ》で思わず我《われ》にかえった。体《からだ》に妙《みょう》な重みを感じ、暗闇の中に目をこらすと、今まで共にいた二人の仲間だった。一人は胸の上、もう一人は足の上にのしかかっていて、全く動かない。身体をゆすってみたが反応がなかった」

次にSさん(工作)。

「あの日、俺は先山《さきやま》のナベさんと、急いでいた北第五上部坑道《きただいごじょうぶこうどう》の冷房機器据付《れいぼうききすえつけ》に番割《ばんわ》りされて行った。昼頃までメドを付ける予定だったが駄目で、一一時過ぎ、昼食を食ってからすぐに取りかかって一二時過ぎ頃に何とかメドがついてきたんだ。その時、ガ、ガァって変な、妙に迫ってくるような音がした。あんな音は初めてだった。電車がバッタ(脱線)したまま走っていると思った。だんだん大きい音になって、ガ、ガ、ガァってものすごい音になってきた。排気第一立入側《はいきだいいちたていりがわ》のほうから走ってきた人がいた。その時は、ものすごい音が坑道いっぱいに響いている感じだった。〝排気斜坑人車場下《はいきしゃこうじんしゃじょうした》の救急《きゅうきゅう》ハウスに逃げれ〟ってS主任が叫んだ。それでみんないっせいにかたまりみたいになって走った。その間三〇メートルくらいだけど、斜坑側に出たとたん、下から来た工作のO係員と出会った。その瞬間、もう炭塵《たんじん》であたりが見えなくなって、目がくらんでふらふらっとなった。呆然《ぼうぜん》としてみんな棒立《ぼうだ》ちになった」

次はHさん(二六歳)。

「事故の起きた時は、北部排気口斜坑《ほくぶはいきぐちしゃこう》の枝坑道《えだこうどう》にいた。風圧《ふうあつ》で下から粉塵がバーッとふき上げてきた。とっさに〝事故だ〟と思い、坑口に向かって走り出したが、年配者の多い下請けの人たちがバタバタと倒れるのが見えた。そのうち自分も気が遠くなって主坑道に入ったあたりでひっくり返ってしまった……。一時間ほど気を失っていたと思う。自分があおむけに寝ているのを見下ろしている変な夢を見た。眼下《がんか》の自分の身体が溶《と》けて見下ろしている自分の体と一緒になったところで目が覚めた。身体が震え、足がしびれて立てなかった」

大釜与四郎さん(五二歳、企画調査係)の話はこうだ。

「救護隊が午後六時にやってきた。千葉良雄隊長ら五人だった。千葉隊長は〝もう大丈夫だ。心配するな。みんな腹が減ったろう。酒でも持ってくればよかったな〟と冗談を言って、みんなの緊張を解き、元気づけた。午後七時過ぎ、メタン濃度を測定、安全を確認してから避難所を出発した。救護隊が到着した六時の時点でメタン濃度がまだ三五パーセントを指していた。それが一時間あまりの間にガスはどんどん減り、脱出を始めた時にはほとんどゼロを指していた。千葉隊長を先頭に坑口をめざした。坑道は粉塵で埋まり、その上を膝《ひざ》までぬかりながら黙々《もくもく》と歩いた。救護隊は自分たちを安全な場所まで送った後、再び救助に向かい、その後に行方《ゆくえ》を絶《た》った」

事故の生々《なまなま》しい様子が手に取るようにわかる。二次災害に遭って亡くなってしまった救護隊の最後の様《さま》が眼に浮かぶ。狭い坑道の中での惨劇《さんげき》である。

■瞑目

救護隊を送り、死者を搬出《はんしゅつ》し、九死《きゅうし》に一生《いっしょう》を得た人間の再会の喜びと、悲痛な死者との対面。それを取材しようとする黒山《くろやま》の報道人。地上への第一歩は、この鉄扉が開いた瞬間に始まる。私はその場に立って瞑目《めいもく》した。

再び繰込所ホールに戻ると、売店の女性から声をかけられた。定食が残っているから食べてくれないかというのである。私はその女性に最後の遺体《いたい》が収容されるまで飾られていた祭壇《さいだん》がどこにあったのかを尋《たず》ねた。すると近くにいた職員の一人が黙って壁の一部を指した。それは意外にも鉱山の安全を守る神棚《かみだな》の脇《わき》であった。今は何一つその痕跡《こんせき》をとどめていなかったが、薄汚《うすよご》れたコンクリートの冷たい壁に、私は吸い込まれていくような不気味《ぶきみ》さを感じた。

建物の外は眩《まぶ》しいほどの陽光が降《ふ》り注《そそ》ぎ、山の緑を一層鮮やかなものにしていた。ヒグラシの声が聞こえる。この澄《す》んだ空気の大地の地下で、九三人の犠牲者を出した大災害が起こったのだとはどうしても信じられない。小さな穴に入り、ひと筋《すじ》の光も漏《も》らさない漆黒《しっこく》の闇《やみ》の中に死んでいった人たちの霊《れい》に、どんな慰《なぐさ》めの言葉があるというのだろう。

私は再びあの天井の低い軌道車に乗って、猛烈な騒音を聞きながら清水沢の市街地に出た。足元に広がる家並《いえなみ》は、まるで北欧辺《ほくおうあた》りの風景を想像させる近代的な炭住群《たんじゅうぐん》であった。

■踏み倒された借金

青陵町での取材を終えて私は夕張市のはずれに向かった。今回の私の取材旅行の目的の一つ、「北星産業」を訪ねるのである。第18章で紹介したあのユニークな集団である。企業というよりは「集団」と言った方がぴったりくる。体の不自由な人や未亡人たちがリーダーの若林虎雄さんを中心にして何でも売りまくっていた。親会社が使う金網から始まって、養鶏《ようけい》や印刷、便所の汲み取《くと》りからお盆《ぼん》の花や線香《せんこう》まで、あらゆるものを売って生きていた、あのたくましい会社である。その事務所は以前と同じ夕張市のはずれにあった。

「それだけじゃありませんよ」

と私を温かく迎えてくれた北星産業の大村定男総務部長が言った。

「釣堀《つりぼり》に始まって、藁工品《わらこうひん》、温室の花の栽培から軍手、アイスクリームのヘラの製造まで、あげていったらきりがありませんよ」

「釣堀もやっていたんですか？」

「はい」

私は思わず笑ってしまった。

「あの当時は活気《かっき》がありました。生きるために必死でしたから。しかし今はあの頃とはだいぶ事情が違います」

そういえば、北星産業直営のマーケットの後ろにある本社事務所も、小ぢんまりと落ち着いている。昭和三八年（一九六三年）四月の営業開始当時は、一二〇人から最高一八〇人もいた社員が、現在はパートを含めて四〇人になっているという。年商三億五〇〇〇万円。官公庁や一般向けの仕出しや病院の売店で扱うおにぎりや赤飯《せきはん》など、主として調理業で収益を上げる会社になっていた。

「若林社長当時の発足時代は、障害者《しょうがいしゃ》や未亡人《みぼうじん》を救済することで始まったものですから、確かに社会的に弱い人たちが多かったです。しかし今は障害者は二人だけ。未亡人もほとんどいません。そういう意味では確かに昔の面影《おもかげ》はありません。便所の清掃部門は市内の業者と合併して別会社になり、建物の掃除部門だけが残りました。これも夕張美装《ゆうばりびそう》と名前を改めて独立し、市役所の掃除などをやらせていただいています。木工部門はボーリングのピンなどを製造して一時はよかったんですが、ご承知のようにボーリングそのものが下火《したび》ですから廃止《はいし》しました。洋菓子は難しくて、腕の良い職人が出てゆくのと同時に止めました。学卒は採用していません」

「炭鉱《やま》の本来の仕事はしていないのですか」

「金網は作業の仕方が変わってほとんど使われなくなりました。坑内の穴に詰める充填用袋《じゅうてんようたい》の製造と風管《ふうかん》修理がありますが、どれも低調です」

「充填用袋？」

「はい。一種の砂袋《すなぶくろ》ですな。トリレットクロスという麻袋《あさぶくろ》に、発電所から出る不要な灰《はい》をもらってきて詰めるのです」

そこまで話がきたところで、社長の中鉢さんが帰ってきた。午前中いっぱい私を待っていてくれたらしい。いきなり二人の間に入って本題に加わった。

「何しろひどいもんですよ。親方(北炭夕張)に四〇〇〇万円もひっかけられたんですから。こんなちっぽけな会社から四〇〇〇万円の焦《こ》げ付《つ》きを出したんですよ。去年(昭和五六年)の一二月のボーナスは全社員が半分で我慢《がまん》しました。それでもみんなが我慢してくれたんで助かりました」

「北炭が、ですか……」

社長と総務部長は笑いながら頷《うなず》いた。いわば会社の厄介払《やっかいばら》いとして発足させたこの北星産業の経緯を知る者にとっては笑い話ではない。こんな噂も街の中で聞いた。今度の大災害の最中に風管屋《ふうかんや》さんに大量の注文がきた。払えないのを承知で、中の人を救出するための風管がいるというのである。風管屋の気持ちにもなってほしいというのである。さらには、会社更生法適用申請《かいしゃこうせいほうてきようしんせい》を出す前日に注文を受けた業者もあったという。一日前ならば多少はわかっていたはずだろうに、人が悪いにも程《ほど》があるとその業者は悔《くや》しがったという。閉山でこれらがどう解決されたかは知らないが、噂とはいえありそうな話である。戦前・戦中・戦後と繁栄《はんえい》の極《きわ》みを通ってきた親方日《おやかたひ》の丸《まる》会社は、ここまで社会的な常識に欠けていたのである。

■初代社長の話

総務部長の大村さんに教えてもらって、私は札幌で悠々自適《ゆうゆうじてき》な生活をしているという初代社長の若林虎雄さんと電話で話すことができた。声の艶《つや》はさすがになくなっていたが、元気な声がいきなり私の耳に飛び込んできた。一二年前の話がはずんだ。

「ところで、北炭の会長だった萩原吉太郎さんとは一体どんな人物なんでしょうか」

私は不躾《ぶしつけ》な質問をぶつけた。

「そんなことは私の口から言えるはずもないじゃありませんか。確かに私は彼を知っているつもりです。北星産業を作って、私に障害者や未亡人の面倒をみろと言ったぐらいですから。児玉誉士夫、永田雅一、東京ガスの安西浩らと交流が深かったのですから大方の想像がつくでしょう。なんだかんだと言いながら、彼だから政府資金だってどんどん引き出してこられたのも事実でしょうな」

「しかし、いくら国の資金とはいえ、儲《もう》からないとわかりながら、どうして石炭産業にあんなに莫大《ばくだい》な金をつぎ込んだのでしょうか。萩原さんが言うように、採算を無視して地元夕張の街の発展のためにやったとはどうしても信じられません」

若林さんは電話の向こうで声を立てて笑った。

「それはそうでしょう。それじゃあ事業家とは言えませんものなぁ」

さすがに呑《の》み込《こ》みが早い。

「それならどうしてでしょうか」

「金をまわす過程でのメリットというものが考えられませんか。借りた金で、すぐやらなければならないものばかりではないでしょう。計画して全部が計画通りに終わるまでの間は浮いていますね。早い話、全部の金をガス抜きのためにかけていいものかどうかということも含めて、事業家だったら誰だってそのぐらいのことは考えるでしょう」

数十億という金が、時にはそれ以上の金が、たとえ一時的とはいえ流用《りゅうよう》できたとしたら、それは大変な収益《しゅうえき》に結びつくだろう。最終的には地面《じめん》に吸わせる援助資金であるとすれば、途中の経過はともあれ、地面に吸わせてしまえば名目《めいもく》が立つのである。こう考えてみると、石炭産業そのものは赤字《あかじ》でもなんでもいい。ただ、その石炭産業が唯一《ゆいいつ》の国産エネルギーとして国の政策の中に位置付けられて、手厚い保護を受けられる立場にあればいいのである。そうなればまさに石炭産業は〝金のなる木〟ならずとも、〝金を引き出す木〟になるのだとも考えられるのではないだろうか。

若林さんがそうはっきりと言ったわけではない。しかし、この話は的《まと》を射《い》ているのではないかと思った。札幌のホテルを二〇億で買収して観光事業に乗り出したのも、民間放送局や建設会社に手を出してそれぞれ腹心《ふくしん》の幹部を送り込み、いわゆる〝北炭コンツェルン〟を作り上げていった過程にも、こうした石炭関係の資金の一時流用がなされたのではないか——という噂《うわさ》が出てくる所以《ゆえん》である。それはそう外《はず》れた話ではないだろう。石炭産業に対する国の援助は、エネルギー革命の勝者としての石油の関税があてられていたのであるから資金は潤沢《じゅんたく》にあった。その援助はオイルショックで石油産業が力を失うまで続けられたのである。もしかすると、北炭夕張新鉱の閉山は、今回の炭鉱事故が原因ではなくて、石油産業の不振が直接の引き金になったのではないか——とそんなことまで考えてしまうのである。

■夕張から札幌へ

一二年ぶりの旅の終わりは、近藤忠和さんにお目にかかることだった。かつて通産省札幌鉱山保安《こうざんほあん》監督局長《かんとくきょくちょう》をしていた近藤さんには私は何度も災害現場でお目にかかっていた。歯《は》に衣着《きぬき》せぬ物の言い方は、いわゆる役人のイメージではなかった。てきぱきと現場処理をしていた近藤さんの当時の姿が、今でも思い浮かぶ。

札幌の自宅には前もって連絡をしてあったので、時間通りに着けばよい。夕張の街から急行バスに乗って私は札幌に向かった。

バスは新緑《しんりょく》の山を走り抜け、夕張川に沿って石狩平野《いしかりへいや》に出た。一面の緑の海を、まるで小舟《こぶね》にでも乗って漕《こ》ぎ出したような気分である。観光バスでもないのに、運転手がときどきガイドの真似事《まねごと》をしてくれる。この辺りは何年前の開拓で、どこの県から入植した人たちが多いとか、あのオンコの木はその頃からのものだといった具合である。その説明を聞きながら、私は同じ道を反対方向に、それも大抵《たいてい》は真《ま》っ暗闇《くらやみ》の道をタクシーを飛ばして行った当時のことを思い出していた。炭鉱事故には季節も時間もない。あらかじめ用意してある資料と録音機を持って車に乗ると、ルームライトの赤い灯りの中で資料に目を通し、刻々《こくこく》と流れるカーラジオからの情報を唯一の頼りに災害現場に向かったものだった。闇の中に夕張川の川面《かわも》が薄く光るのを認めると、いよいよ現場に近づいたといった気がした。

その川の姿こそ昔の面影を残していたが、農村はどこも家を建て替えて大型の農機具を導入するなど、一見して当時とは比較にならないくらい豊かになっているように見えた。

北海道の農村は確かに豊かになった。農業技術が進歩して単位当たりの収穫量が増加すると、もともと土地の広大な北海道農業の収益は、内地《ないち》（本州）の農業とは比べものにならない。これからはその差をさらに大きくしてゆくことだろう。私は眩《まぶ》しく光る牧場や、原色の赤い屋根を眺《なが》めながら、炭鉱生活者との間には、さらに大きな隔《へだ》たりが生まれたことを想像せずにはいられなかった。

■元通産省札幌鉱山保安監督局長の話

札幌は近代的な大都会だ。いったいどれだけの人間が住んでいるのか見当もつかないような近代都市になっていて、アカシアの匂《にお》いも時計台のロマンも、私には遠い昔のことのように思われた。かつてはこの辺りも乳牛が草をはむ牧草地や、一面の玉ねぎ畑であったろうにと想像しながら、車窓の景色を眺めた。

和服でくつろいだ格好《かっこう》の近藤さんが迎えてくれた。一二年ぶりにお目にかかったが、ほとんど年齢を感じさせない。近藤さんは懐《ふところ》に手を腕を組んでソファーに正座《せいざ》するといった奇妙な格好で、私の質問に答えてくれた。

「あるのに抜けないのを、ないから出ないと思ったのが間違いですよ」

北炭夕張新鉱のガス突出の原因を近藤さんはそう説明した。

「一週間前にやったボーリングでも五〇〇立方メートルのガスがひっかかっていた。あの周辺は軟《やわ》らかで発破《はっぱ》もかけられない。粉炭《ふんたん》で押さえ込まれたような状態だから、ひっかかればガス突出と粉炭爆発が同時に起こる。ガスボンベのような型で溜《た》まっているガスならボーリングで抜けるが、粉炭に吸着して混じり合っているような状態ではボーリングではやれないし、逆に一《ひと》ピットで突出する可能性もある。軟らかいところへ出たら、まず仕事を止めて確かめる。ガスが抜けなければコンクリートを注入して防壁《ぼうへき》を作って仕事をする。未知《みち》のところに行く時は探査坑道《たんさこうどう》を掘れと言っている。従来の状況から考えて、当然ガスがあると思われるのに出なかったんだから、危険を考えてよいわけだった」

「それを考えなかったというのは、どういうことでしょうか」

近藤さんは大きな目を一層大きくして、体を乗り出した。

「要するに技術屋がいなくなったということでしょう。その技術屋を育たなくしているのは、中味のいい仕事をした人も、そうでない人も一緒くたにしか考えられない親方日の丸会社の経営者の問題でしょう。なんでも規格通りやればいいと考えて、ガスのない所まで手当てをする。そのくせ肝心《かんじん》なところに手がかからない。つまり意味のあるボーリングの一本が打てない。これを技術屋と言えるでしょうかね」

近藤さんは着物の袖《そで》をたくし上げて物をつかむ格好をした。

「ここにりんごが五つあると仮定しましょう。五つのリンゴを五人の子どもに均等に与えようとする場合、事務屋はただ一つずつ分けてやるだけです。技術屋は味を考え、腐《くさ》り具合を考えて全部切ってみて、均等に分けなくてはなりません。素人の集団による素人の事故の続出ですよ、今の炭鉱事故なんて。今となっては炭鉱《やま》に一人の技術屋もいないと言いたいぐらいです。数式や規格や論文だけが技術じゃないんです。一番技術をおかしくしたのは戦後の教育だとも言えるでしょう」

経営の面からも、技術の面からも、人の養成の面から考えても、今の炭鉱は末期的《まっきてき》な状態だと近藤さんは言う。そしてこうしたことを論議する最も肝心の会議の場にあっても、一番肝心な点になると議論を避ける風潮《ふうちょう》があるとも言った。

「こんな状態なら、炭鉱事故は今後も起きかねませんね」

近藤さんはそう言ってお茶をごくりと飲み込んだ。

近藤さんは今度の北炭夕張新鉱事故の政府事故調査委員の一人であった。昭和五八年(一九八三年)七月、調査委員会はこの事故を「人災《じんさい》」と断定して通産省に報告するというこれまでにない厳しい結論を下した。

■閉山・全員解雇を含む交渉権を炭労に一任

昭和五七年(一九八二年)九月三〇日、北炭夕張新鉱労働組合は、組合員の全員投票の結果、「閉山《へいざん》・全員解雇《ぜんいんかいこ》を含む交渉権《こうしょうけん》を炭労《たんろう》に一任《いちにん》」することを決めた。賛成一〇四二票、反対二一二票の大差《たいさ》であった。

「闘争《とうそう》が長引けば本当に倒産《とうさん》もしかねない。倒産してしまえば労務債《ろうむさい》もとれなくなってしまう」

という意見が、

「炭労一任は危険だ」

とする意見を退《しりぞ》けて、この大差による可決になったという。このあと、組合は新会社を発足させ、管財人《かんざいにん》の示した再開発構想の期間を短縮させて、せめて三年後くらいに一三〇〇人を雇用し、年産七五万トン体制の炭鉱にもっていかせるべく要求してゆく——と主張した。

だが、北海道を離れて客観的に眺《なが》めてみるならば、これが倒産でなくて何であろうと考えてしまう。中小企業ならば即日から借金取りが押し寄せて、あっという間に何もかも持ち去られてしまうだろう。大企業というものは結末にもゆとりがあるし、いかなる場合にも大義名分《たいぎめいぶん》が立つものらしい。新会社は確かに発足するかもしれない。あるいはしないかもしれない。発足したとしても、組合が期待するような形で再開発が行なわれる保証はない。

第一、管財人の口からは肝心の再開発のスタートの時期が明示されていない。そして北炭の労組から一任された炭労にしたところで、どれほどの力があるのか疑問である。萩原氏は確かに北炭とは切っても切れない関係にあるとはいえ、すでに直接の責任者ではない。管財人に迫ると言っても、所詮《しょせん》は管財人であって立場が違う。国にしたところで、大臣が変われば方針も変わる。こう考えてくると、私には「団結ガンバロウ」を三唱《さんしょう》して清水沢《しみずさわ》体育館いっぱいに声を張り上げたあの大合唱がわからなくなってくるのだ。

「家族や街のために」

「炭労を信頼、運命を懸ける一票」

という新聞の見出しにも、疑念を挟《はさ》まざるを得なくなってくる。しかし、実際に取材してみると、取材記者がこう書かざるを得ない「本音《ほんね》」と「建前《たてまえ》」の難しさを感じるのである。つまり炭労は北炭夕張新鉱労働組合の終結闘争《しゅうけつとうそう》を肩代《かたが》わりしたようなものではある。いや、そうとしか説明がつくまい。

■時の政治権力と二人三脚で

一方、会社側としても、倒産に追い込まれてしまったら、新会社に売れるべきものもすんなりと売れなくなってしまうという危惧《きぐ》がある。テレビに出演した萩原氏は、

「ここまでは資本のかけ通しだった。いよいよこれからという時で、この結果である。これから先は誰がやっても上手《うま》くいくはずだ」

という意味のことを述べている。それほど上手くいく自信があるのなら、どうしてそれまで萩原氏を支えてきた資本や通産省などが投げ出してしまったのかと言いたくなる。おそらくは、彼一流のやり方で長い間資金を引き出させ、曲《ま》がりなりにも今日まで北炭が生き延びてきた秘訣《ひけつ》があったのだろうと、テレビを見ながらそんなことを想像してしまうのだ。つまり、会社にとっても組合にとっても、そして国にとっても、「閉山《へいざん》・全員解雇《ぜんいんかいこ》を含む交渉権《こうしょうけん》の炭労一任《たんろういちにん》」という選択は、八方《はっぽう》が丸く収まる決着だったのであろう。

考えてみれば、石炭産業ほど国の権力と密接につながってきた産業も珍しいのではあるまいか。明治国家の成立とともに国の力で開発された石炭は、民間の力に移管《いかん》されたとはいえ、国家権力とは不《ふ》

可分《かぶん》の間柄《あいだがら》にあった。北海道開拓使の招聘《しょうへい》した〝お雇《やと》い外国人〟クロフォードは、小樽から札幌を経由して幌内炭山《ほろないたんざん》に至る日本で三番目の鉄道を開設するが、札幌と幌内を結ぶいわゆる「幌内鉄道《ほろないてつどう》」は、初めから石炭を輸送するために敷設《ふせつ》されたものだったのである。明治二二年(一八八九年)に「北海道炭鉱鉄道会社」として発足した今日の北炭は、この幌内鉄道と幌内炭山を非常に安い価格で引き受け、夕張、幾春別《いくしゅんべつ》、歌志内《うたしない》と開発し、二度の世界大戦で飛躍的《ひやくてき》に成長してゆくのである。

「タコ部屋」の労働者に不眠不休《ふみんふきゅう》の労働を強制し、第二次世界大戦では朝鮮人や中国人の強制労働に頼ってきたことはすでに述べた。それは近代国家の成立過程の中で、ひとり石炭産業だけが責められるものではないが、敗戦後はさすがにそうした労働力はなくなった。その代わりに、食うや食わずの失業時代の中で、安い労働力を得て石油に取って代わられるエネルギー革命まで、潤沢《じゅんたく》な労働力の補《ほ》給《きゅう》を受けて、ぬくぬくと成長してきたことだけは確かである。下請けに大きく依存《いぞん》する「労働の二重構造」も炭鉱の大きな特色の一つである。

時の政治権力と二人三脚《ににんさんきゃく》で常に歩み続けてきた会社の中に、ほかの民間産業とは比べ物にならない社風があって当然である。殿様商法《とのさましょうほう》の一種のいやらしさ、妙《みょう》な手回《てまわ》しの良さなどは私の取材の中でも常に感じたことであった。

たとえば、炭鉱事故の発表のタイミングのみごとさ、表現の巧《たく》みさなどに、〝北炭には振り回されるなよ〟といった警戒感《けいかいかん》が、常にわれわれ取材者側にはあった。それだけ事故処理などには手馴《てな》れた対応の仕方が北炭にはあったのである。おそらくはこれも北炭の長い経験の中から培《つちか》われたことの一つであったのだろう。だから、経営者側が、組合側が、といったものではなく、双方共通の責任でもあった。少々厳しい発言をするならば、そこには本当の人材の発掘とか養成という考えの生まれる空気さえなかったのではあるまいか。街の中で聞いた話として、

「イエスマンの指導者層を揃《そろ》えて、ワンマン体制の天皇として君臨《くんりん》してくれれば、さていよいよという場合に人物が払底《ふってい》しているのは当然だ。それでも天皇が君臨して何とかなっているうちはいい。いよいよ窮《きゅう》して天皇もどいてしまった今となっては、巨体は邪魔になるばかりだ」

夕張の街の中で聞いた元炭鉱関係者の発言は、あまりにも厳しかった。しかし、こうした状況は、決して石炭産業だけに限ったものではない。たまたま石炭産業がこうした事態になったからこそ、世間の批判を一斉に浴びるのであって、大なり小なり年代を経た現代の産業組織の中には、共通して存在している問題ではないかと私は思う。だからこそ、私は石炭産業のことを書いてきた。日本人の日本人らしい、共通した〝経営風土《けいえいふうど》〟が見えるからだ。

■原発にもあてはまる

「話は飛躍するけれど、たとえば原子力発電の問題一つにも、こういった基本的な洗い直しが必要なのではないかと私は思う」

そう言ったのは、私の原稿の整理をしてくれていた東北大学大学院生の伊藤匡という青年であった。

「石炭に代わって石油が登場し、石油に代わって原子力が登場した現在も、目先だけが変わって中身は全く同じ気がする。イデオロギーとかいうのではなく、これでいいのかと、もっと冷静に物を見つめ、経営・経済というものを企業も政治も考える必要があるのではないだろうかと思う。でないと、

永久に〝毒素《どくそ》の力〟が変わらないという原子力の廃棄物《はいきぶつ》だけが蓄積《ちくせき》されていく結果になってしまい、ますます日本人の将来が心配になるばかりだ。日本人ばかりではない。現《げん》に世界の国々の将来ということで、トラブルを起こしている事情を考えてみれば、もはや大変な時代が来ているのだと思う」

率直な青年のこの発言の中に、どうやら私の最終的な到達点が見えたような気がする。

日本と日本人――それが日本の国内だけに影響を及ぼす時代はもう終わった。生産技術と製品の開発は、日本のどの産業も目覚《めざ》ましい進歩と発展を今後もし続けるだろう。しかし、意識の変革はそうたやすいものではない。それどころか長期にわたる安定が、矯正《きょうせい》していかなければならない絶《た》えざる改革《かいかく》の空気までも、眠らせてしまってはいないだろうか。それが大組織であればあるほど、現在の症状が重いような気がしてならない。

■緑煙る北海道

一週間に満たない私の北海道の旅も終わった。再び舞い上がった飛行機の窓から、緑煙《みどりけむ》る五月の農村地帯が広がっているのが見えた。北海道の家々の屋根はカラフルで、モダンな建物がそこかしこに眺《なが》められ、一〇年、二〇年前の灰色《はいいろ》の北海道とは比《くら》べるべくもない。

その昔、「蝦夷地《えぞち》」と言われた頃の北海道は、和人《わじん》たちの資源収奪《しげんしゅうだつ》の場であった。全山《ぜんざん》を燃やして鹿《しか》を焼き殺し、その角《つの》だけを拾い集めるといった荒っぽい狩猟《しゅりょう》があったとも聞く。ニシンや鮭《さけ》などの水産資源にせよ、木材資源にせよ、自然の摂理《せつり》を考えずにあるうちは採《と》るという収奪の対象としてしか見られていなかった。残念ながら石炭もそうだった。時代が変わっても、考え方はさほど変わったとは思えない。そんな中にあって、ひとり農業だけは、開拓時代から着実な歩みを続け、北海道の大地に今日の繁栄《はんえい》をもたらしているように見える。そのような大地の中で、石炭産業の「挽歌《ばんか》」を聞くのは、あまりにも辛《つら》い。

紋別《もんべつ》、樽前《たるまえ》の連山が濃紺《のうこん》のひとかたまりになって遠ざかった。飛行機は津軽海峡《つがるかいきょう》に達していた。

あとがき——一九八三年

私はこの本を、石炭産業に携わる人たちに読んでもらおうと思って書いたのではない。官公庁やほかの産業で働く多くの人たちに読んでもらいたいと思って書いた。石炭産業はあまりに多くの人の命を無駄にしてきた。

石炭産業は、かつて鉄鋼・電力と並ぶ日本の基幹産業だった。国家の手厚い保護のもとにぬくぬくと繁栄を続けてきた石炭産業が、エネルギー革命の嵐に翻弄《ほんろう》された時、その嵐から抜け出せるだけの復元力はもはやなかった。船乗りたちは波を乗り切る操縦《そうじゅう》技術さえ持ち合わせていなかった。組織が大きいということはそれだけ危うさも大きかったということだろう。

私がこの原稿を書き始めたのは一二年前。その当時ははっきりした目的を持って書き出したのではない。相次ぐ炭鉱事故を取材していくうちに、これは将来に残しておくべき歴史的な史料になるに違いないと漠然と感じて書き溜《た》めていったのだ。そして一応書き上げたところで、そのまま書斎の片隅にしまっておいた。

それを再び引っ張り出して読み返したきっかけは、昭和五六年(一九八一年)一〇月一六日の九三人の犠牲者を出した北炭夕張新鉱のガス突出事故だったことは本文中に書いたとおりだ。それまで鳴りを潜めていた炭鉱事故が突如「復活」したようだった。国が威信をかけて作り上げた「北炭」という石炭産業の主力に火がついたのである。国のスクラップ・アンド・ビルド政策で、弱小企業を次々に整理し、労働者を吸い上げて独走態勢に入った〝北炭帝国〟が、ついに決定的な崩壊の時を迎えた――と私はその時直感した。

私は貪《むさぼ》るように自分の書いた原稿を読んでいった。驚いたことに、一二年前に書かれた中身がそのまま寸分《すんぶん》たがわず今にあてはまってゆく。これはいったいどういうことなのか。私は読み終わった原稿を前に、すっかり考え込んでしまった。この一二年間に、北炭にはまるで意識の変革がなかったということなのか。相次いだ炭鉱事故の教訓が活かせていなかったということなのか。私は居ても立ってもいられない気持ちで、再び一二年後の夕張に舞い戻ることにした。しっかりとこの目で炭鉱《やま》の最期を確認しておきたかったからだ。

本書の大部分が一二年以上前に書かれたものであり、第20章以降が今回の取材という、極めて異例のものになったが、お読みいただいた読者は一二年という時間のずれを感じなかったのではないかと思う。そこが本書の特色であり、石炭産業の体質になんら変化がなかったことの何よりの証《あかし》と思っていただければ幸いだ。

終わりに近藤忠和さんの御指導と、古い友人である武田勇一さん、その他故人になられた佐藤留雄さんをはじめ、札幌通産局の皆さん、東北大学の伊藤匡さん、岡山大学の行本和宏さんなど、多くの方々の励ましとご協力のあったことを書き添えて終わりたいと思います。ありがとうございました。

昭和五八年（一九八三年）夏

岡山にて

著者

あとがきのあとがき――二〇二五年

余りにも多くの犠牲者を出した炭鉱事故の実情を、日本の産業史の中にしっかりと残しておきたいと思い四〇年前に書き綴ったこの「石炭挽歌」を、近年になって、何とか本として出版したいと思い作業を進めていた。いよいよまとめに入ったところで、私はとんでもない新聞記事を読んでひっくり返ってしまった。

「炭じん爆発　苦しみ六〇年　三池炭鉱八〇〇人CO中毒」（令和五年（二〇二三年）一一月九日『毎日新聞』）である。戦後最悪のこの事故は、旧三井三池炭鉱で昭和三八年（一九六三年）一一月九日に発生した。脱線した炭車から出た火花が、石炭の粉末（炭塵《たんじん》）に引火して爆発。働いていた四五八人が死亡し、少なくとも八三九人がCO中毒（一酸化炭素中毒）にかかったというものだった。それから今年でちょうど六〇年になる。地元の精神科医・本間真紀子さんによると、いまだに少なくとも四〇人が後遺症に苦しみ、うち一〇人は入院したままだという。

事故から六〇年経ったのに、いまだ四〇人が後遺症に苦しみ、一〇人は入院したままの状態であることに大きな衝撃を受けた。つまり、あの炭鉱事故が今も続いている、いや、六〇年も患者・家族を苦しめてきて、この先も悩ませていくだろうことへの驚きである。

石炭を原子力に置き換えた場合は、さらに問題は大きく、その影響は計り知れない。なぜ原子力産業は石炭産業から学ぼうとしなかったのだろうか。石炭と原子力の違いはあっても、大きなエネルギーを扱うにあたっての企業の、そして組織のあり方の問題なのだと思う。一番大切で基本的な人間の考え方の問題なのだと思う。

それはエネルギーに限らない。今、政府はまた「国家事業」「国策」という号令のもとに、半導体産業に莫大な税金を投じている。そしてまたその産業の地は石炭と同じ九州と北海道だ。半導体を作るには大量の水が必要のようだ。「開発」という名のもとに始まったのは自然の破壊であり、やがては足元の地球の破壊に進みつつあるのではないかとさえも考えてしまう。私たちが立っている地球は、小さな惑星であることを肝《きも》に銘《めい》じなければならないと思うのである。人間が作り上げた破壊手段は、自分の乗っている地球という惑星を破壊するに足る力を持っているのかもしれない。

令和七年(二〇二五年)一月二日

甲府にて

末　利光

昭和44年（1969年）４月２日、赤平の雄別茂尻鉱災害の中継を終えた著者（左）。
背後が雄別茂尻鉱の繰込所と立坑。

末 利光（すえ・としみつ）

1932年（昭和7年）、東京生まれ。早稲田大学文学部ドイツ文学科卒業。

1958年、NHKに入局、アナウンサーとなる。初任地である北海道帯広局の後、東京・札幌・甲府・仙台・岡山の各局に勤務。その間の1979年に、企画参加・出演・ナレーションを担当した短編映画『地方病との斗い』が第20回科学映画祭で科学技術長官賞受賞。1989年に講談師・二代目神田山陽より真打を許され「神田甲陽（かんだこうよう）」を名乗る。

1991年、甲府市長選出馬のためNHK退職。1995年より13年間、笛吹市春日居郷館・小川正子記念館館長を務め、現在は名誉館長。山梨県立女子短期大学、調布学園女子短期大学、ウィーン大学日本学研究所などで日本語表現と日本文化について講師を務める。2019年、2020年に長編舞台講談『武田勝頼の妻・花園』を東京と山梨で開催する。

著書に『甲州庶民伝　上・下』（NHK出版）〔テープ48巻の企画・編集・朗読を担当〕、『ことばのおへそ』『間の美学―日本的表現』（三省堂）、『クリーン選挙わたしの闘い』（講談社）、『ハンセン病報道は真実を伝え得たか』（JLM出版）、『コロナに翻弄された家』（毎日新聞社）、『信玄かるた（再販・信玄公かるた）』『昭和史かるた』（自費出版）など。

石炭挽歌《せきたんばんか》
――NHK札幌放送局《さっぽろほうそうきょく》〈炭鉱事故《たんこうじこ》〉担当《たんとう》アナウンサーの記録《きろく》

発　行　2025年（令和7年）4月30日　初版第1刷
著　者　末 利光
発行者　土肥寿郎
発行所　有限会社 寿郎社
〒060-0807　札幌市北区北7条西2丁目 37山京ビル
電話011-708-8565　FAX011-708-8566
E-mail info@jurousha.com　URL https://www.jurousha.com/
郵便振替 02730-3-10602
組　版　株式会社 木元省美堂
印刷・製本　モリモト印刷株式会社
装　幀　薄木半紙

＊落丁・乱丁はお取り替えいたします。
＊紙での読書が難しい方やそのような方の読書をサポートしている個人・団体の方には必要に応じて本書のテキストデータをお送りいたします。希望される場合は発行所までご連絡ください。

ISBN978-4-909281-69-2　C0036